普通高等学校"十三五"规划教材
本教材承湖北文理学院协同育人专项经费资助

C 语言程序设计学习指导

熊启军　肖舜尧　主编

U0316423

中国铁道出版社有限公司
CHINA RAILWAY PUBLISHING HOUSE CO., LTD.

内 容 简 介

本书是与《C语言程序设计（微课版）》（熊启军主编）配套使用的参考书。内容包括：习题、实验指导、习题参考答案、实验指导参考答案、实验报告范例。

本书适合作为高等学校各专业学生学习"C语言程序设计"课程的教学参考书，也可作为计算机等级考试（二级C）的备考用书。

图书在版编目（CIP）数据

C语言程序设计学习指导/熊启军，肖舜尧主编. — 北京：中国铁道出版社有限公司，2019.8

普通高等学校"十三五"规划教材

ISBN 978-7-113-25842-9

Ⅰ.①C… Ⅱ.①熊… ②肖… Ⅲ.①C语言-程序设计-高等学校-教学参考资料 Ⅳ.①TP312.8

中国版本图书馆 CIP 数据核字(2019)第 113815 号

书　　名：C语言程序设计学习指导
作　　者：熊启军　肖舜尧

策　　划：潘星泉　　　　　　　　　　编辑部电话：010-63589185 转 2076
责任编辑：潘星泉　贾淑媛
封面设计：刘　颖
责任校对：张玉华
责任印制：郭向伟

出版发行：中国铁道出版社有限公司（100054，北京市西城区右安门西街 8 号）
网　　址：http://www.tdpress.com/51eds/
印　　刷：三河市航远印刷有限公司
版　　次：2019 年 8 月第 1 版　　　　2019 年 8 月第 1 次印刷
开　　本：787 mm×1 092 mm　1/16　印张：12.25　字数：267 千
书　　号：ISBN 978-7-113-25842-9
定　　价：33.00 元

版权所有　侵权必究

凡购买铁道版图书，如有印制质量问题，请与本社教材图书营销部联系调换。电话：（010）63550836

打击盗版举报电话：（010）51873659

前　　言

C语言是当今最为流行的程序设计语言之一，也是各高校广泛开设的计算机程序设计语言课程之一，还是全国计算机等级考试、职业资格认定、技能大赛等可选的计算机语言，学习和掌握C语言已成为计算机类专业学生的必然选择和必备技能。

本书内容包括了五部分。第一部分是习题，习题的选取和组织紧扣配套主教材的编排内容；第二部分是实验指导，共包含10个实验，每个实验包括实验目的、实验指导、实验内容和思考题等；第三部分是习题参考答案；第四部分是实验参考答案；第五部分是实验报告范例。

本书习题和实验内容丰富，不仅紧密配合理论教学，而且具有实用性、综合性、启发性、拓展性。书中所有代码都在Code：：Blocks17.12中进行了验证。

本书由熊启军、肖舜尧设计、组织和编写。

本书承湖北文理学院协同育人专项经费资助，得到了中国铁道出版社有限公司的大力支持，在此一并表示衷心感谢。

编　者

2019 年 3 月

目　　录

第1部分 习 题

习 题 1

1. 选择题

（1）计算机工作时，内存储器用来存储_____。

    A．程序和指令   B．数据和信号

    C．程序和数据   D．ASCII 码和数据

（2）在计算机内一切信息的存取、传输和处理都是以_____形式进行的。

    A．十进制   B．二进制

    C．十六进制   D．ASCII 码和数据

（3）十进制数 35 转换成二进制是_____。

    A．100011   B．10011

    C．100110   D．100101

（4）十进制数 35.35 转换成二进制是_____。

    A．100011.100011   B．100011.010110

    C．100110.010101   D．100101.010110

（5）十进制 268 转换成十六进制是_____。

    A．10B   B．10C

    C．10D   D．10E

（6）与二进制数 1.1 等值的十六进制是_____。

    A．$(1.2)_{16}$ B．$(1.1)_{16}$

    C．$(1.4)_{16}$ D．$(1.8)_{16}$

（7）真值为 –100101 的二进制，用 8 位二进制表示的补码是_____。

    A．11011011   B．10011011

    C．10110110   D．10110111

（8）若 x=+1101，y=–1011，则用 8 位二进制表示的 $[x+y]_{补}$=_____。

    A．00000010   B．10000010

    C．00010010   D．10000011

（9）十进制数 250 与 5 按位进行与运算（位与），结果是_____。

    A. 0   B. 1

    C. $(FF)_{16}$ D. $(F0)_{16}$

（10）十进制数 250 与 –5 按位进行位运算（位与），结果是_____。

    A. 0   B. 6

    C. 250   D. –5

（11）十进制数 250 与 5 按位进行或运算（位或），结果是_____。

    A. 0   B. 1

    C. $(FF)_{16}$ D. $(F0)_{16}$

（12）十进制数 250 与 –5 按位进行或运算（位或），结果是_____。

    A. 0   B. 6

    C. 250   D. –5

（13）$(AF)_{16}$ 与 $(78)_{16}$ 进行异或运算，结果用 8 位二进制表示是_____。

    A. 11010111   B. 11100111

    C. 10100000   D. 10010100

（14）运算 13<<2，结果是_____。

    A. 26   B. 15

    C. 52   D. 都不正确

（15）运算 –13>>2，结果是_____。

    A. –26   B. –11

    C. –52   D. –4

2. 填空题

（1）运算器通常又称为 ALU，是计算机进行数据运算的部件。数据运算包括_____运算和_____运算。

（2）计算机的中央处理器又称为_____，主要由_____和_____构成。

（3）存储器可分为_____和_____。前者主要指_____；后者又称为海量存储器，它既是输入设备也是输出设备。

（4）计算机系统由_____和_____组成，操作系统是_____。

（5）十进制的基数为_____，二进制的基数为_____。

（6）机器数的三种表示形式是_____、_____、_____。

（7）用 16 位二进制表示整数 0 的补码，是_____。

（8）十进制数 25、–25 对应的二进制真值依次是_____、_____；用 16 位二进制表示它们的原码、反码、补码依次是_____、_____、_____；_____、_____、_____。

（9）二进制的位运算主要有_____。

（10）ASCII 的英文全称是_____，它用一个字节来表示一个字符，但只使用了其低 7 位、最高位规定为 0，所以又称为标准 ASCII 码。

习 题 2

1. 选择题

（1）能将高级语言编写的源程序转换成目标程序的是_____。

    A．编辑程序   B．编译程序

    C．汇编程序   D．连接程序

（2）C语言属于_____。

    A．机器语言   B．低级语言

    C．高级语言   D．面向对象语言

（3）一个C语言程序总是从_____开始执行的。

    A．程序中第一个函数

    B．main()函数

    C．包含文件（头文件）的第一个函数

    D．程序中的第一条语句

（4）以下叙述正确的是_____。

    A．程序中每一行只能写一条语句

    B．程序的注释会参与编译

    C．每个程序中只能有唯一的main()函数

    D．C语言程序的基本组成单位是语句

（5）C语言的注释是_____。

    A．以"/*"开头且以"*/"结尾的一行或多行内容

    B．以"//"开头的一行或多行内容

    C．以"#"开头的一行内容

    D．A、B都正确

（6）C语言源程序文件的扩展名是_____。

    A．c   B．obj

    C．c++   D．任意的

（7）C语言源程序经编译、连接后生成可执行文件，其扩展名是_____。

    A．obj   B．o

    C．exe   D．com

（8）以下叙述正确的是_____。

    A．C语言源程序可以直接运行

    B．C语言程序中的所有内容最终都将被转换成二进制的机器指令

    C．C语言源程序需经过编译、连接生成可执行程序之后才能运行

    D．一个C语言源程序只要编译和连接没有错误，运行必能得到满意的结果

（9）以下叙述中不正确的是_____。

    A．在计算机编程语言排行榜上 C 语言一直名列前茅

    B．C 语言较适合于应用软件的开发，不适合于系统软件的开发

    C．支持 C 语言编程的 IDE 工具比较多，常用的有 VC、C-Free、DEV-C++、Code::Blocks、VS.NET 等

    D．C 语言的版本比较多，但都以 ANSI C 为基础

（10）对 C 语言的特点描述不正确的是_____。

    A．C 语言语法灵活、简洁高效

    B．C 语言应用范围广但移植性较差

    C．C 语言可直接访问计算机的硬件

    D．C 语言是结构化的过程性程序设计语言

2. 简答题

（1）查阅资料了解计算机语言详细的发展历史，查询当前的编程语言排行榜。

（2）在你的 C 语言编程软件中以 demo2_1.c 为例，练习 C 语言程序设计上机操作步骤（严格按照上机操作步骤练习第一个例子）；了解各阶段生成文件的存放位置、扩展名、意义。

（3）以 demo2_1.c 为例，经编译、连接生成可执行文件后，分别在 IDE 中、在 DOS 命令提示符下、通过双击运行程序，观察它们的差别、熟悉程序的多种运行方式。

（4）将 demo2_1.c 中的 printf("Hi,Welcome to C World!\n")改成 printf("Hi,Welcome to C World! ")，或者改写成 printf("Hi,\nWelcome to\nC\nWorld!\n")再次编译、连接、运行程序，仔细观察输出结果有何差别，理解"\n"的作用。

（5）使用 printf()函数编写程序，输出如下图形。

```
    *
   ***
  *****
 *******
*********
```

习　题　3

1. 选择题

（1）下面_____是合法的用户自定义标识符。

    A．β   B．int-x   C．student2   D．char

（2）C 语言中，要求操作数必须为整型的运算符是_____。

    A．%   B．++   C．/   D．=

（3）_____是合法的字符常量。

A. '38'   B. '8'   C. 65   D. "\n"

（4）_____是合法的浮点型常量。

A. 1.4e+10L   B. 1.4e+10.4   C. e10   D. 1.4e+10

（5）若 i 是整型，f 是浮点型，则执行语句 i=3.8; f=3;后，i、f 的值分别是_____。

A. 3   B. 4   C. 3.800000   D. 3.000000

（6）若 a、b 均是整数，则数学表达式 $\dfrac{1}{ab}$ 转换成 C 语言表达式，正确写法是_____。

A. 1/a*b   B. 1/(a*b)   C. 1/a/ (float)b   D. 1.0/a/b

（7）在 C 语言中，下面几种数据类型所能表示数据的大小范围正确的是_____。

    A. char<int<long<float<double

    B. char<int<long<=float<double

    C. char<int<long=float=double

    D. char=int=long<=float<double

（8）若整型占 2 B（B 即字节）、长整型占 4 B。现有 long a;，则能给 a 赋值 50000 的正确语句是_____。

    A. a=30000L+20000   B. a=5000*10

    C. a=30000+20000   D. a=5000L*10

（9）假设整型数据在内存中占 2 B，以下程序段执行后 u 的值是_____。

```
int i=-3;unsigned int u=i;
```
A. 0   B. -3   C. 65533   D. 65534

（10）若有 int i=2,j,k; 则执行 i++;j=i++;k=-(++i);后，i、j、k 的值分别是_____。

A. 5   B. 4   C. 3   D. -3

E. -4   F. -5

2．填空题

（1）C 语言的标准（简单）数据类型主要有_____、_____、_____和枚举类型。

（2）根据 C 语言标识符的命名规则，标识符只能由_____、_____、_____组成，且第一个符号必须是_____或_____。

（3）C 语言中的常量分为_____常量和_____常量两种。定义_____常量需要使用预处理命令，形如：#define XXX cccc。

（4）若有如下定义和运算：

```
int i=5/3+5%3;
float f =5/3;
```
则执行后 i 的值是_____；f 的值是_____。

（5）若有如下定义和运算：

```
float f=3/5.0+5.0/3;
int i=3/5.0+5.0/3;
```
则执行后 i 的值是_____；f 的值是_____。

（6）若有如下定义和运算：

```
int a=10, b=5;   a+=(b%=2);
int x=2;       x+=x-=x*x;
```
则执行后 a 的值是＿＿＿＿＿； x 的值是＿＿＿＿＿。

（7）若有如下定义和运算：

```
int x,y,z,a=88;
x=a++;  y=--a;  z=x+y-a--;
```
则执行后 x、y、z，a 的值分别是＿＿＿＿＿。

（8）若有 int x=1,y=5,z=8,a;执行 a=(x, y, z);则 a 的值是＿＿＿＿＿；若执行 a=(x++,++y,--z);则 x、y、z、a 的值分别是＿＿＿＿＿。

（9）若有 int a=2,b=3,c=4; ,执行 a*=5*(a--)+(b++)-(++c);后，a、b、c 的值依次是＿＿＿＿＿。

（10）若有 float x=6.18359;，则 (int)(x*1000+0.5)/1000.0);的结果是＿＿＿＿＿，这个表达式的功能是＿＿＿＿＿。

（11）在内存中，若 int 型数据占 4 B，float 型数据占 4 B，double 型数据占 8B。假定有 float a=2; int b=3;则 sizeof(a*b)+2.0/5 的结果是＿＿＿＿＿； sizeof((a*b)+20/5)的结果是＿＿＿＿＿。

（12）表达式 3>=5 的运算结果是＿＿＿＿＿；, 1.0e-6>=0.0 的结果是＿＿＿＿＿。

（13）数学表达式 $x = \dfrac{-b \pm \sqrt{b^2 - 4ac}}{2a}$ 转换成 C 语言表达式可写成＿＿＿＿＿；数学表达式 sin30° +tan45° 转换成 C 语言表达式可写成＿＿＿＿＿；数学表达式 $e^{2i} + \sqrt{a^2 + b^4} + \sqrt[3]{x+y} + \ln 218 + \log_5 4 + y^4$ 转换成 C 语言表达式可写成＿＿＿＿＿。

（14）数学表达式 a≥b≥c 转换成 C 语言表达式，其写法是＿＿＿＿＿；表达式 a 大于 b 或者 a 大于 c，转换成 C 语言表达式，其写法是＿＿＿＿＿。

（15）有 a、b、c 三个正整数，判断它们能否构成一个三角形的表达式是＿＿＿＿＿。

（16）若 int x=99;，请用两种方式写出 "x 是奇数" 的关系表达式＿＿＿＿＿。

（17）若有 int a=1,b=2,c=3;则(a>b)+(b<=c)+(a==c)的结果是＿＿＿＿＿。

（18）若有 int a=1,b=2,c=8;则表达式(a>b)&&(c=3)的结果是＿＿＿＿＿,c 的值是＿＿＿＿＿。

（19）若有 int a=4,b=2,c=3,d; 执行 d=(a>b||(c=b|c));后，a、b、c、d 的值依次是＿＿＿＿＿。

（20）'E'-'A'的值是＿＿＿＿＿，'E'+'a'-'A'的值是＿＿＿＿＿，'0'+8 的值是＿＿＿＿＿。

3．编程题

（1）计算半径为 1、高为 10 的圆锥体的体积。

（2）自由落体运动的位移公式是 $y = \dfrac{1}{2}gt^2$，输入整型时间 t、计算垂直位移 y。

（3）输入一个合法的四位正整数，分离其各位上的数字，求这些数字的和，求该数的逆置数，对该数的十位进行四舍五入。

习　题　4

填空题

（1）对于语句 int a,b,c; scanf("%d%d%d",&a,&b,&c);，若从键盘输入 1□2□3□4〈回车〉，则 a、b、c 的值依次是_____。（□表示空格）

（2）对于语句 int a,b,c; scanf("%d%d%d",&a,&b,&c);，若从键盘输入 1□a□2〈回车〉，则 a、b、c 的值依次是_____。

（3）对于语句 int a,b; float f; scanf("%d%f%d",&a,&f,&b);，若从键盘输入 1□2□3〈回车〉，则 a、f、b 的值依次是_____。

（4）对于语句 int a; char c1,c2; scanf("%d%c%c",&a,&c1,&c2);，若从键盘输入 1□234〈回车〉，则 a、c1、c2 的值依次是_____。

（5）对于语句 int a; float f; char c; scanf("%d%f%c",&a,&f,&c);，若从键盘输入 1.234〈回车〉，则 a、f、c 的值依次是_____。

（6）有以下程序段，若从键盘上输入：10a23〈回车〉10a23〈回车〉23.45〈回车〉，则执行输出语句后的结果依次是_____。

```
int m=0,n=0;
char c='a';
scanf("%d",&m);    fflush(stdin);
scanf("%c",&c);    fflush(stdin);
scanf("%d",&n);    fflush(stdin);
printf("%d,%c,%d\n",m,c,n);
printf("%d,%d,%d\n",m,c,n);
```

（7）以下程序段执行后，输出结果是_____。

```
printf("123456789012\n");
printf("%12.5f\n",123.1234567);
printf("%-12.5f\n",123.1234567);
printf("%12f\n",123.1234567);
printf("%-12f\n",123.1234567);
printf("%12s\n","abcdefghij");
printf("%-12s\n","abcdefghij");
printf("%12.8s\n","abcdefghij");
```

（8）若有 int a,b,c; scanf("a=%d,b=%d,c=%d",&a,&b,&c);，要使得变量 a、b、c 的值分别是 1、2、3，则在键盘上的正确输入内容是_____。

（9）以下程序执行时，若从键盘上输入 a2345〈回车〉，则输出结果是_____。

```
#include<stdio.h>
#include<stdlib.h>
int main()
{
    char ch1,ch2,ch3;
    ch1=getchar();  ch2=getchar();  ch3=getchar();
```

```
putchar(ch1);        putchar(ch2);        putchar(ch3);
printf("\n");
printf("%d,%d,%d,%d\n",ch1,ch2,ch3,ch1+ch2);
return 0;
}
```

（10）以下程序执行后，输出结果是_____。

```
#include<stdio.h>
#include<stdlib.h>
int main()
{
printf("\"I\'m a student. \"\n");
printf("I\\\'m\\a\\student. \n");
printf("20%% of people are\t poor!\n");
printf("\x61\101%c%c\n",65,97);
return 0;
}
```

（11）以下程序的功能是输入一个大写英文字母，输出对应的小写字母。请将程序补充完整。

```
#include<stdio.h>
#include<stdlib.h>
int main()
{
char c;
_____ ;     /*从键盘输入一个大写字母*/
c=_____ ;  /*将该字母转换为小写字母*/
_____ ;     /*输出转换后的字符,可使用 printf 或 putchar 完成字符输出*/
system("pause");
return 0;
}
```

（12）若有 int x=1,y=2,z=3;，则 printf("%d,%d\n",(x,y,z),x+y>y>z-y) 执行后的输出结果是_____。

（13）以下程序段执行后，输出结果是_____。

```
int x=12,y=34;
printf("%d,%d\n",x++,++y);
printf("%d,%d\n",++x,y++);
```

（14）若有 int x=2,y=3;，则 printf("%d\n",(x^1+y^1));执行后的输出结果是_____。

（15）语句 printf("%d\n",((1&1)+(100|1)+(101|1)+(6&1)));执行后的输出结果是_____。

习　题　5

用传统流程图、N-S 流程图描述下面各题的算法。

（1）输入一个圆锥体的半径和高，计算其体积。

（2）自由落体运动的位移公式是 $y=\frac{1}{2}gt^2$，输入 t、计算 y。

（3）输入一个整数部分是 2 位、小数部分是 3 位的实数（如 32.125、48.865），分离出其各位上的数字、求这 5 个数字的和，对该数的十分位进行四舍五入。

习　题　6

1．选择题

（1）若有 int a=0,b=1,c=2; 则值为 0 的表达式是_____。

    A．a&&b   B．a&&b||c   C．a||b||c   D．a||b&&c

（2）已知字母字符 A 的 ASCII 码值为 65，若变量 ch 为 char 型，以下不能正确判断出 ch 的值为大写字母的表达式是_____。

    A．ch>='A'&& ch<='Z'   B．!(ch>='A' || ch<='Z')

    C．ch+32>='a'&& ch+32<='z'   D．isalpha(ch) && (ch<91)

（3）单分支 if 语句的基本格式是"if(表达式) 语句;"，其中的"表达式"_____。

    A．必须是逻辑表达式

    B．必须是关系表达式

    C．必须是逻辑表达式或必须是关系表达式

    D．可以是任意合法的表达式

（4）以下程序段的输出结果是_____。

```
int i=2;
if(++i>2)  printf("i>2\n");  else printf("i<=2\n");
```

    A．i>2   B．i<=2   C．i>3   D．i<=3

（5）if(a)与下面的_____等价。

    A．if(a<>0)   B．if(!a)   C．if(a!=0)   D．if(a==0)

（6）若有定义 int a=1,b=2,c=3;，则以下语句中执行效果与其他 3 个不同的是_____。

    A．if(a>b) c=a,a=b,b=c;   B．if(a>b) {c=a,a=b,b=c;}

    C．if(a>b) c=a;a=b;b=c;   D．if(a>b) {c=a;a=b;b=c;}

（7）在使用嵌套的 if…else 语句时，else 总是_____。

    A．和之前与其具有相同缩进位置的 if 配对

    B．和之前与其最近的 if 配对

    C．和之前与其最近不带 else 的 if 配对

    D．和之前的第一个 if 配对

（8）以下程序段执行后，输出结果是_____。

```
int a=0,b=1,c=2,d=3;
if(a=1)    b=10;  c=20;
else d=30;
```

```
printf("%d,%d,%d,%d\n",a,b,c,d);
```
  A. 1,10,20,30 B. 1,10,20,3   C. 1,10,2,3   D. 编译错误

（9）以下程序段只有输入_____值，才会有输出结果。

```
int x;  scanf("%d",&x);
if(x<=3);
else if(x!=10) printf("%d\n",x);
```
  A. 不等于 10 的整数   B. 大于 3 且不等于 10 的整数

  C. 大于 3 或等于 10 的整数   D. 小于 3 的整数

（10）以下程序段执行后输出结果是_____。

```
int a=1,b=2,c=3;
if(a<0)
if(b>0) c=0;
else c++;
printf("%d\n",c);
```
  A. 0   B. 1   C. 2   D. 3

（11）以下程序段执行后 x 的值是_____。

```
int a=1,b=2,c=4,d=3,x;
if(a<b)if(c<d)x=1;else if(a<c)if(b<d)x=2;else x=3;else x=4;else x=5;
```
  A. 2   B. 3   C. 4   D. 5

（12）以下程序段执行后，输出结果是_____。

```
int a=1,b=2,c=3,d=0;
if(a==1&& b++==2)
    if(b!=2 || c!=3) printf("%d,%d,%d\n",a,b,c);
    else printf("%d,%d,%d\n",a,b,c);
else printf("%d,%d,%d\n",a,b,c);
```
  A. 1,2,3   B. 1,3,2   C. 1,3,3   D. 3,2,1

（13）若有定义：double x=1.5; int a=1,b=2,c=3;

则下述选项，语法正确的是_____。

  A. switch(x)   B. switch((int)x)

    { case 1.0:printf("Hi\n");   { case 1:printf("Hi\n");

      case 2.0:printf("Hello\n");   case 2:printf("Hello\n");

    }   }

  C. switch(a+b)   D. switch((int)(a+b))

    { case 1:printf("Hi\n");   { case 1:printf("Hi\n");

      case 2+1:printf("Hello\n");   case c:printf("Hello\n");

    }   }

（14）以下程序段执行后输出结果是_____。

```
int x=1,y=0,a=0,b=0;
switch(x)
{ case 1:   switch(y)
{ case 0: a++;  break;
```

```
        case 1: b++;    break;
    }
case 2: a++;    b++;break;
    }
printf("a=%d,b=%d\n",a,b);
```
  A．a=2,b=1 B．a=1,b=1 C．a=1,b=0 D．a=2,b=2

（15）下列叙述中正确的是_____。

  A．break 语句只能用于 switch 语句

  B．在 switch 语句中必须使用 default

  C．break 语句必须与 switch 语句中的 case 配对使用

  D．在 switch 语句中不一定使用 break 语句

2．填空题

（1）根据公式 $s=\sqrt{p(p-a)(p-b)(p-c)}$ 计算三角形的面积。其中：$p=(a+b+c)/2$，a、b、c 代表三角形的三条边。将下面这个程序的代码补充完整。

```
#include <stdio.h>
#include<stdlib.h>
int main(){
    int a,b,c;
    _____
    printf("please input the value of a,b,c");
    scanf("%d%d%d",_____);
    if(_____)
    {
        p=_____;
        s=_____;
    printf("Yes,this is a triangle!\n the area is %.2f\n",s);
    }
    else printf("No,this is not a triangle!\n");
    return  0;
}
```

（2）下面这个程序段执行后输出结果是_____。

```
int x=1;
if( (x%2)?1:0 )  printf("result is %d\n",1);
else printf("result is %d\n",0);
```
若 x=2，输出结果如何呢？

（3）若有 int a=1,b=5,x; x= ++a>b-- ? a++ :--b; 执行后，a、b、x 的值依次是_____。

（4）以下程序段：

```
int a=1,b=2, c=3,x;
x=a>b?(a>c?a:c):(b>c?b:c);
```
执行后 x 的值是_____。该程序段的功能是_____。

（5）以下程序段：

```
int m;  scanf("%d",&m);
switch(m/2)
```

```
{
    case 1:    m++;
    case 2:    m+=4;
    case 3:    m+=8;    break;
    default:   m-=5;
}
printf("%d\n",m);
```
若输入的是 3，程序输出结果是什么？若输入的是 1 呢？

3．编程题

（1）输入一个合法的整数，判断它的正负性、奇偶性。

（2）输入实数 x，分别计算下面两个式子的值。

① $y = \begin{cases} \sqrt[3]{x} & x < -3 \\ \ln|x+4| & -3 \leq x \leq 3 \\ \sin x + \sqrt{2x} & x > 3 \end{cases}$ ②当 $x \geq 4$ 时：$\begin{cases} y = x/2 \\ z = 3xy + x/y \end{cases}$；当 $x < 4$ 时：$\begin{cases} y = 2x/3 \\ z = |x| + y \end{cases}$

（3）研究表明小孩的身高与父母的身高大致有如下关系：

男性成人身高=(faHeight+moHeight)×0.54

女性成人身高=(faHeight*0.923+moHeight)/2

此外，喜爱体育锻炼可增加身高 2%，有良好的卫生饮食习惯可增加身高 1.5%。请编程估算一个人成年后的身高。

（4）如 2020 年的元旦是星期三，输入该年的任意月日，计算并输出它是星期几。

（5）已知某公司员工的保底薪水为 1000 元，某月所接工程的利润 profit 与提成的关系如下所示。

profit<1 000   没有提成

1 000≤profit<2 000   提成为 10%

2 000≤profit<5 000   提成为 15%

5 000≤profit<10 000   提成为 20%

10 000≤profit   提成为 25%

根据输入的 profit，编程计算员工的当月薪水。（分别使用 if、switch 语句实现。）

习 题 7

1．选择题

（1）以下程序段执行后的输出结果是_____。

```
int i=1,sum=0;
while(i<=5) {i++;sum+=i;}
printf("%d, %d",i,sum);
```

   A．5,15   B．6,15   C．5,21   D．6,20

（2）以下程序段执行后，输出结果是_____。

```
int i=5;
while(i>1){i--;  printf("%d",i);}
```
  A．5432   B．4321   C．432   D．543

（3）以下程序段中，循环体的执行次数是_____。

```
int i=-1;            //若 i=10000 呢？
while(i!=0) i++;     //可合并成 while(i++);
```
  A．无限次   B．有限次   C．0 次   D．1 次

（4）以下程序段执行时，如果从键盘上输入：A1B2C3d4e5f6，则输出结果是_____。

```
int ch;
while((ch=getchar())!='\n')//while 中输入再赋值一定要加括号、最后才是比较
{  if(ch>='A' && ch<='Z')        {ch=ch+32; printf("%c",ch);}
   else if(ch>='a' && ch<='z')   {ch=ch-32; printf("%c",ch);}
}
```
  A．ABCDEF B．abcDEF C．abcdef D．ABCdef

（5）以下程序段，执行后的输出结果是_____。

```
int i=1,sum=0;
while(1){
    sum+=i++;
    if(sum>8) break;
}
printf("%d",i);
```
  A．有编译错误 B．4   C．5   D．6

（6）以下程序段，循环体的执行次数是_____。

```
int count=0, i=1;
while(i<10)
{
    count++;
    if(i==5) break;
    if(i>=3) { i++; continue; }
    i+=2;
}
printf("count=%d",count);
```
  A．2   B．3   C．4   D．5

（7）以下叙述正确的是_____。

  A．do...while 语句构成的循环，不能用其他格式的循环代替

  B．do...while 语句构成的循环，只能用 break 语句退出

  C．do...while 语句构成的循环，在 while 后的表达式为非零时结束循环

  D．do...while 语句构成的循环，在 while 后的表达式为零时结束循环

（8）以下程序段执行后，输出结果是_____。

```
int a=10,y=0;
do{
    a+=2;   y+=a;
```

```
    printf("a=%d\ty=%d\n",a,y);
    if(y>20)   break;
}while(a=16);//看清循环条件
```
    A．a=12 y=12   B．a=12 y=12

        a=16 y=16   a=16 y=28

        a=16 y=20

        a=18 y=26

    C．a=12 y=12   D．a=12 y=12

        a=18 y=30   a=18 y=30

        a=16 y=48

（9）以下程序段执行后，输出结果是_____。

```
int i=6;
do  printf("%d ",i-=2);  while(!(--i)); //循环条件等价于?
```
    A．3   B．4   C．0   D．–1

（10）以下程序段，循环体的执行次数是_____。

```
int i, j;
for(i=0, j=10;i<j ;i++, j--) printf("%d\n",i );
```
    A．4   B．5   C．6   D．7

（11）对于下面的语句，循环体的执行次数是_____。

```
int x,y;   for(x=0,y=0;(y=8)&&(x<5);x++) printf("%c",'A'+x);
```
    A．无限次   B．不确定   C．5次   D．6次

（12）下列语句中，能正确输出10个不同数字字符的是_____。

    A．for(c='0';c<='9';printf("%c",++c));   B．for(c='0';c<='9';) printf("%c",c);

    C．for(c='0';c<='9';printf("%c",c++));   D．for(c='0';++c<='9';printf("%c",c));

（13）以下程序段，执行后的输出结果是_____。

```
int i=1,sum=0;
for(;i<10;)    {sum+=i;i+=2;}
printf("%d\n",sum);
```
    A．35   B．25   C．36   D．24

（14）以下程序段，执行后的输出结果是_____。

```
int i=1,j=1,sum=0,t;
for(;i<5;i++){
    t=0;
    for(j=1;j<=i;j++) t+=j;
    sum+=t;
}
printf("sum=%d\n",sum);
```
    A．60   B．35   C．40   D．20

（15）以下程序段，执行后的输出结果是_____。

```
int i,n=0;
for(i=1;i<5;i++){
```

```
do{
    if(i%3) continue;
    n++;
}while(! i);
n++;
}
printf("%d\n",n);
```
A. 4   B. 5   C. 6   D. 7

2. 填空题

（1）以下程序段是根据公式求 π 的近似值。

$$\frac{\pi^2}{6} = 1 + \frac{1}{2\times 2} + \frac{1}{3\times 3} + \cdots + \frac{1}{n\times n}$$

```
double s=0.0, n=1.0e4;
double i=1;
while(i<n) { s=s+_____ ; _____ ; }
printf("PI=%f\n", _____ );
```

（2）下面程序段的功能是：输出 200 以内能被 3 整除且个位数为 4 的所有整数。请补全代码。

```
int x=0;
while(x<_____ )
{
    if(_____) printf("%d\n",x);
    _____;
}
```

（3）以下程序段执行后，输出结果是_____。

```
int x=3,y=1;
while(y<=6)
{  if(x>=10)  break;
   if(x%2==0){x+=5;  continue;}
   x-=3;
   y++;
}
printf("%d,%d",x,y);
```

（4）以下程序段执行后，输出结果是_____。

```
int    a=1,x=0;
while(!(a++>3))//循环条件等价于？
{  switch(a)
   {  case  1: x++;
      case  2: x+=2;break;
      case  3: x+=3;
      case  4 :x-=4;
   }
}
printf("a=%d,x=%d\n",a,x);
```

（5）以下程序段的功能是：从键盘输入若干个整数，当输入负数时结束输入，求最大值、最小值。

```
int x,max,min;
scanf("%d",&x);
max=min=_____ ;
do{
    if(x>max) max=x;
    if(x<min) _____;
    scanf("%d",&x);
} while(_____);
printf("max=%d,min=%d",max,min);
```

（6）以下程序段执行后，输出结果是_____。

```
int i,sum=0;
for(; i<10;sum++) sum+=i;
printf("%d\n",sum);
```

（7）以下程序段执行后，输出结果是_____。

```
int     a=0,i;
for(i=1;i<5;i++)
{
    switch(i)
    { case 0: a++;
        case 3: a+=2;
        case 1:
        case 2: a+=3;
        default:a+=5;
    }
}
printf("%d\n",a);
```

（8）以下程序段执行后，输出结果是_____。

```
int i=0,j,m=0,n=0;
for(; i<5;i++)
for(j=0; j<5; j++)
{
    if(j>=i)    m++;
    n++;
}
printf("%d,%d\n",m,n);
```

（9）以下程序段执行后，输出结果是_____。

```
int i,j,sum=0;
for(i=1;i<=5;i++)
for(j=1;j<=i;j++) sum+=j;
printf("sum=%d\n",sum);
```

（10）以下程序段执行后，输出结果是_____。

```
int i=0,a=0;
while(i<20)
```

```
{
    for(; ;)
        if((i%10)==0)  break;
        else i--;
    i+=11;
    a+=i;
}
printf("%d\n",a);
```

3. 编程题

（1）编程计算 n!=1*2*3*...*n，（观察并考虑 n=0、10、100 时的输出结果）。

（2）一张纸的厚度是 0.1 mm，珠穆朗玛峰的高度是 8848.31 m，假如纸张足够大，将纸对折多少次后可以超过珠峰的高度？

（3）求水仙花数及个数。所谓水仙花数是指一个 3 位整数，它的各位数字的立方和恰好等于它自身。

（4）根据 s=1+ 1/2 + 1/3 + ... + 1/i ，求当 s 最接近于 8.0 时的 i。

（5）输入 x、利用公式 $sin(x)= x - x^3/3! + x^5/5! - x^7/7! + ...$ 计算 $sin(x)$ 的值，直到其最后一项的绝对值小于 10^{-6} 时为止。（输入使用度做单位，计算时转换成弧度，以便于验证正确性。）

（6）求 1 000 以内的所有素数，并按每行 5 个的格式输出。

（7）已知 xyz+yzz=532。其中，x、y、z 都是一个整型数字，编程计算 x、y、z 的可能组合。

（8）4 位同学中有一人做了好人好事：A 说不是我；B 说是 C；C 说是 D；D 说 C 胡说。已知有 3 个人说真话，一个人说假话。究竟是谁做了好人好事？

（9）一个旅游团由男人、女人和小孩共 20 人组成，到一家自助餐厅吃饭共花费 500 元。店家规定每个男人需花费 30 元、女人花费 20 元、小孩花费 15 元。请编程计算这个旅游团成员的可能组合。

（10）分别打印如下五种样式的图案。

```
0                    0              0
0 1                1 2            0 1 2
0 1 2            3 4 5          0 1 2 3 4
0 1 2 3        6 7 8 9        0 1 2 3 4 5 6
```

习　题　8

1. 选择题

（1）若有定义 int a[10];，则对数组 a 的元素引用正确的是_____。

　　A．a[10]　　　　B．a[4.5]　　　　C．a(0)　　　　D．a[10–10]

（2）对一维字符数组 str，初始化正确的语句是_____。

　　A．char str[10]=(0);　　　　　　　B．char str[10]=( );

　　C．char str[10]='0';　　　　　　　D．char str[10]={'0'};

（3）以下程序段执行后，变量 i 的值是_____。

```
int i, a[]={8,7,6,5,4,3,2,1};i=a[a[2]];
```

　　A．4　　　　B．3　　　　　　C．2　　　　　　D．1

（4）以下程序段执行后，输出结果是_____。

```
int n=10,i=0, j,a[10];
do{
    a[i]=n%2;i++;n=n/2;
}while(n>0);
for( j=i-1; j>=0; j--)    printf("%d",a[ j]);
```

　　A．1000　　　　B．1010　　　　C．1100　　　　D．1110

（5）对于以下定义，叙述正确的是_____。

```
char str1[]="abcdef", str2[]={'a','b', 'c','d','e','f'};
```

　　A．数组 str1 和数组 str2 等价

　　B．数组 str1 和数组 str2 的字符数相等

　　C．数组 str1 所含字符的个数大于数组 str2 所含字符的个数

　　D．数组 str1 所含字符的个数小于数组 str2 所含字符的个数

（6）以下语句中不正确的是_____。

　　A．char str1[10];str1="Cprogram";　　　B．char str2[5]={'C','p','r','o','g'};

　　C．char str3[20]={"Cprogram"};　　　　　D．char str4[5]="Cprog";

（7）以下程序段执行后，输出结果是_____。（以下□表示空格）

```
char str[10]={'a', 'b', 'c', '0', 0, '\0', 'a', 'b'};
printf("%s\n",str);
```

　　A．abc0　　　　B．abc0ab　　　　C．abc0□□ab　　　　D．编译错误

（8）以下程序段执行时，若输入 ABC<回车>，输出结果是_____。

```
char str[]="0123456789";
gets(str);printf("%s",str);
```

　　A．ABC　　　B．ABC56789　　　C．ABC3456789　　　D．ABC456789

（9）对二维数组的声明，正确的是_____。

　　A．int a[2][ ];　　B．float a(2,7);　　C．double a[2][7];　　D．float a(2)(7);

（10）以下不能对二维数组 a 进行正确初始化的是_____。

　　A．int a[2][3]={0};　　　　　　B．int a[][3]={{1,2},{0}};

　　C．int a[2][3]={{1,2},{3,4},{5,6}};　　D．int a[][3]={1,2,3,4,5,6,7,8};

（11）下列语句中，能对二维字符数组进行正确定义的是_____。

　　A．char ch[ ][ ]={'a','b','c','d','e','f'};　　B．char ch[2][3]='a','b';

　　C．char ch[ ][3]={'a','b','c','d','e','f'};　　D．char ch[ ][ ]={{'a','b','c','d','e','f'}};

（12）若有 int a[3][4];，则对数组 a 的元素引用非法的是_____。

　　A．a[2][2*1]　　　B．a[1][3]　　　　C．a[4-2][0]　　　D．a[0][4]

（13）以下程序段执行后，输出结果是_____。

```
int a[4][4],i, j,k;
for(i=0;i<4;i++)for(j=0; j<4; j++) a[i][ j]=i-j;
for(i=1;i<4;i++)
    for( j=i+1; j<4; j++)
    { k=a[i][ j]; a[i][ j]=a[ j][i];    a[ j][i]=k;  }
for(i=0;i<4;i++)
{  printf("\n");
    for(j=0;j<4;j++)  printf("%4d",a[i][j]);
}
```

　　A．　0　　−1　　−2　　−3　　　　B．　0　　　1　　　2　　　3
　　　　　1　　　0　　−1　　−2　　　　　　−1　　　0　　　1　　　2
　　　　　2　　　1　　　0　　−1　　　　　　−2　　−1　　　0　　　1
　　　　　3　　　2　　　1　　　0　　　　　　−3　　−2　　−1　　　0

　　C．　0　　−1　　−2　　−3　　　　D．　0　　　1　　　2　　　3
　　　　　1　　　0　　　1　　　2　　　　　　−1　　　0　　−1　　−2
　　　　　2　　−1　　　0　　　1　　　　　　−2　　　1　　　0　　−2
　　　　　3　　−2　　−1　　　0　　　　　　−3　　　2　　　1　　　0

（14）以下程序段执行后，输出结果是_____。

```
int i,a[4][4]={{1,3,5,7},{2,4,6},{8,9}};
printf("%d%d%d%d\n",a[0][1],a[1][1],a[2][1],a[3][1]);
```

　　A．1280　　　　B．1400　　　　C．3490　　　　D．不确定

（15）以下程序段，运行时若输入 2　4　6〈回车〉，则输出结果是_____。

```
int a[3][2]={0},i;
for(i=0;i<3;i++)scanf("%d",a[i]);//&a[i][0]
printf("%3d%3d%3d\n",a[0][0],a[0][1],a[1][0]);
```

　　A．2 0 0　B．2 0 4　　C．2 4 0　　D．2 4 6

2．填空题

（1）若有字符串定义：char str[ ]=" Chenzhen is 中国人";，则数组 str 在内存中所占的字节数是_____，该字符串的串长是_____。若 char str[ ]="He is\tstrong."，它的串长是_____。

（2）以下程序段执行后，输出结果是_____。

```
char str[10]="1a2b3c4d";
int i,x=0;
for(i=0;str[i]>='0' && str[i]<='9' && i<8;i+=2) x=10*x+str[i]-'0';
printf("%d\n",x);
```

（3）以下程序段的功能是实现字符串的复制，请补全代码。

```
char str[]= "no zuo no die", ch[20];
int j=0, i=0;
while(str[i]){ch[j]=_____;  j++ ;}
ch[j]=0;
```

（4）以下程序段执行后，输出结果是_____。

```
char str[3][10]={"Bush",  "Kite",  "Tom"};
printf("\"%s\"\n",str[1]);
```

（5）以下程序段执行后，输出结果是_____。

```
char str[]="abc", s[3][4];
int i;
for(i=0;i<3;i++)  strcpy(s[i],str);
for(i=0;i<3;i++)  printf("%s",&s[i][i]);
printf("\n");
```

（6）整型数组 a 中已存放着一个非递减序列。现输入一个整数 x，并将它插入到数组 a 中合适的位置，使得 a 仍是一个非递减序列。

```
#include<stdio.h>
#include<stdlib.h>
int main()
{
    int a[ _____ ]={0,10,20,30,40,50,60,70,80,90},x,i=0,k;
    scanf("%d",&x);
    while(i< _____ )
        if(x>a[i]) { _____ ;}
        else _____ ;
    for(k=9;k>=i;k--) _____ ;
        _____ =x;
    for(k=0;k<11;k++) printf("%5d",a[k]);
    printf("\n");
    return  0;
}
```

（7）下面这个程序的输出结果是_____，该程序的功能是：_____。

```
#include<stdio.h>
#include<stdlib.h>
int main()
{
    int a[]={-1,2,-3,4,9,8,-7,10,-4,7};
    int i=0, j=9,t;
    while(i< j)
    {
        while(i<j) if(a[j]>=0) j--;  else break;
        while(i<j) if(a[i]<0) i++;    else break;
```

```
            if(i<j){int t=a[i];  a[i]=a[j];  a[j]=t;}
        }
        for(i=0;i<10;i++)  printf("%d",a[i]);
        return  0;
}
```

（8）以下程序的功能是将字符串 t 的内容连接到字符串 s 的后面，构成一个新字符串 s。请补全代码。

```
#include<stdio.h>
#include<stdlib.h>
int main()
{
        char s[30]="abcdefg",t[]="1234";    int i=0, j=0;
        while(s[i]!='\0')  _____ ;
        while(t[j]!='\0') {  s[i+j]=t[j]; j++;  }
        _____ ;
        printf("%s\n",s);
        return  0;
}
```

（9）以下程序是将字符串 str 中的所有字符'a'用'*'替换。请补全代码。

```
#include<stdio.h>
#include<string.h>
#include<stdlib.h>
int main()
{
    int i;  char str[80];
    gets( _____ );
    for(i=0;i< _____ ;i++)
        if(str[i]!='a') _____ ;
        else _____ ;
    _____ (str);
    return 0;
}
```

（10）以下程序的功能是求矩阵每行上的最大值。请补全代码。

```
#include<stdio.h>
#include<stdlib.h>
#define M  10
int main()
{
    int x[M][M];
    int n,i, j;    int max[M];
    printf("Enter a integer(<=10):\n");  scanf("%d",&n);
    printf("Enter %d data for the array x\n",n*n);
    for(i=0;i<n;i++)  for(j=0; j<n; j++) scanf("%d",&x[i][j]);
    for(i=0;i<n;i++) max[i]= _____ ;
    for(i=0;i<n;i++)
        for(j=1; j<n; j++)
```

```
        if( _____ ) _____ ;
    for(i=0;i<n;i++)printf("%d\n",max[i]);
    return 0;
}
```

3．编程题

（1）输入 20 个整数，统计其中正数、0、负数的个数。

（2）将一个字符串的串值逆置。

（3）在某单位的面试会上，按如下规则对应聘人进行评分：7 名评委给一位应聘人打分，统计时去掉一个最高分和一个最低分，其余 5 个分数的平均值就是该应聘者的最后得分。请编程实现。

（4）输入一个十进制正整数，求它对应的二进制值。

（5）输入一个十进制正整数，求它对应的十六进制值。

（6）求指定字符在一个字符串中出现的所有位置（下标）。

（7）使用筛选法求解礼炮响声（题目见主教材的例 7-13）。

（8）对 n*n 的矩阵，求四条边上元素的和、两条主对角线上元素的和。

（9）利用二维数组计算并打印杨辉三角形。若使用一维数组该如何实现？

（10）将一句英文中的各单词逆置。如"I am a student"转换成"I ma a tneduts"。

习 题 9

1．选择题

（1）若有 int x=3,y=8 ； char c1='A',c2 ； int *pi,*pj ;，以下语句正确的是_____。

    A．pi=&x; y=*pi;　　　　B．pi=&x; pi+=10;　　　　C．pj=&c2;c2=c1;

    D．pi=&x; pj=pi;　　　　E．pi=&x;*pi=c1;　　　　F．pj=&c1; c2=*pj;

    G．pi=&y; pj=&c1;*pi=*pj;　　　　　　　　　　H．pi=&x;pj=&c1;pi==pj;

（2）若有声明 int a[10],*p=&a[2];，则对数组 a 的元素引用正确的是_____。

    A．a[10]　　　　B．a[8.8]　　　　C．a(7)　　　　D．a[10-10]

    E．p[3]　　　　F．*(p+5)　　　　G．a[p-a]　　　　H．p[a+7]

（3）若有以下说明，则值为 5 的表达式是_____。

```
int a[10]={0,1,2,3,4,5,6,7,8,9},*p=a;
char ch='5';
```

    A．a[ch-5]　　　　B．p[5]　　　　C．a[5]　　　　D．a[ch-'0']

（4）以下程序段执行后输出结果是_____。

```
int i,sum=0,a[]={1,2,3,4,5,6,7,8,9,10},*pa=a;
for(i=0;i< 10;i++) sum-=*pa++;
printf("sum=%d\n",sum);
```

    A．sum=55　　　　B．sum=-55　　　　C．sum=45　　　　D．sum=-45

（5）若有 int a[3][4];，则对数组 a 的元素引用非法的是_____。

  A．a[2][2*1]   B．a[2][3]   C．a[4−2][0]   D．a[2][4]

  E．*(a+2)+2 F．*(*(a+2)+2) G．a[2]+2   H．*(a[2]+2)

（6）以下程序段执行后输出结果是_____。

```
int i,a[4][4]={{1,3,5},{2,4,6},{3,5,7}},*pa=&a[0][0];
printf("%d%d%d%d\n",*(pa+3),a[1][2],a[2][1],pa[13]);
return 0;
```

  A．0650   B．1450   C．5430   D．输出值不定

（7）以下程序段执行后输出结果是_____。

```
char *s="abcde";  s+=2;  printf("%s\n",s);
```

  A．cde   B．c   C．字符 c 的地址 D．输出值不定

（8）若指针 p 已正确声明，要使 p 指向两个连续的整型动态存储单元，正确的语句是_____。

  A．p=2*(int *)malloc(sizeof(int));

  B．p=(int *)malloc(2*sizeof(int));

  C．p=(int*)malloc(2*4);

  D．p=malloc(2*sizeof(int));

（9）能将 s 所指字符串正确复制到 t 所指存储空间的是_____。

  A．while(*t=*s){ t++;s++; }

  B．for(i=0;t[i]=s[i];i++);

  C．do{ (*t)++=(*s)++; }while(*s);

  D．for(i=0,j=0;t[i++]=s[j++];);

（10）以下程序执行后输出结果是_____。

```
#include<stdio.h>
#include<stdlib.h>
int main()
{
    char ch[2][5]={"6937","8254"},*p[2];
    int i, j,s=0;
    p[0]=ch[0]; p[1]=ch[1];
    for(i=0;i<2;i++)
    for(j=0;p[i][j]>0;j+=2)   s=10*s+p[i][j]-48;
    printf("%d\n",s);
    return 0;
}
```

  A．69825   B．63825   C．6385   D．603825

2．编程题

（1）判断输入的一个字符串是否为回文。所谓回文是指顺读和倒读都是一样的字符串，如："level""abccba""12321""123321"。

（2）输入一个有效正整数，将其转换成数字字符串，如 1203 转换成"1203"。

（3）声明一个字符指针数组，用来存储 5 个学生的姓名并输出。

（4）将一个数字串转换成对应的汉字串，如"1203"对应成"壹贰零叁"。

（5）使用二级指针和 malloc 函数，存储星期日～星期六这 7 个英文单词。

习 题 10

1. 选择题

（1）以下说法正确的是_____。

    A．用户若需调用标准库函数，调用之前必须重新定义

    B．用户可以重新定义标准库函数，但原函数将因此失去意义

    C．系统不允许用户重新定义标准库函数

    D．用户若需调用标准库函数，系统会自动嵌入相应的头文件

（2）以下关于函数的说法正确的是_____。

    A．函数的定义可以嵌套，但函数的调用不可以嵌套

    B．函数的定义不可以嵌套，但函数的调用可以嵌套

    C．函数的定义和函数的调用均不可以嵌套

    D．函数的定义和函数的调用均可以嵌套

（3）若一个函数的函数体中没有 return 语句（编译无错），则以下说法正确的是_____。

    A．该函数肯定没有返回值   B．该函数返回缺省类型

    C．只能返回整型值   D．返回一个不确定的值

（4）已知一个函数的定义是：double fun(int x, double y) { … }

则该函数的原型是_____。

    A．double fun(int x,double y)   B．fun(int x,double y)

    C．double fun(int,double)   D．fun(x,y)

（5）以下正确的函数定义是_____。

    A．double fun(int x,int y) { z=x+y; return z; }

    B．double fun(int x,y) { int z; return z; }

    C．fun (int x,int y) { int z ; z=x+y; return z; }

    D．double fun(int x,int y) { double z; return z; }

（6）函数被调用时_____。

    A．要求实参与形参个数相等   B．要求实参与形参顺序对应

    C．要求实参与形参数据类型相容   D．前三项均需满足

（7）函数被调用时，以下说法正确的是_____。

    A．实参与对应的形参各占用独立的存储单元

    B．实参与对应的形参占用相同的存储单元

    C．当实参与对应的形参同名时才共占用相同的存储单元

D．形参是虚拟的，不占用存储单元

（8）以下说法不正确的是_____。

A．在不同函数中可以使用名称相同的变量

B．形式参数是局部变量

C．在一个函数内定义的变量只在本函数范围内有意义

D．在函数内的复合语句中定义的变量在本函数范围内都有意义

（9）若用数组名作为函数的实参，传递给形参的是_____。

A．数组的首地址   B．数组中第一个元素的值

C．数组中的全部元素的值   D．数组元素的个数

（10）凡在函数中未指定存储类型的变量，其缺省的存储类型是_____。

A．自动   B．静态   C．外部   D．寄存器

（11）在源程序的一个文件中定义的全局变量，其作用域是_____。

A．在本文件的全部范围   B．该程序的全部范围

C．一个函数的范围   D．从定义该变量的位置开始至该文件的结束

（12）某程序在命令提示符下运行时，输入的命令行是"DemoRun a 123 prg"。该命令行的参数个数是_____。

A．2个   B．3个   C．4个   D．不能确定

（13）以下程序执行后输出结果是_____。

```
#include<stdio.h>
#include<stdlib.h>
char fun(int n)
{   int s=0, i;
    for(i=1;i<=n;i+=2) s+=i++;
    return s;
}
int main()
{
    printf("%d\n",fun(10) );
    return  0;
}
```

A．22   B．25   C．26   D．15

（14）以下程序执行后输出结果是_____。

```
#include<stdio.h>
#include<stdlib.h>
int fun(int x,int y)
{   int c;
    while(y) { c=x%y;  x=y;  y=c;  }
    return x;
}
int main()
{   int x=64, y=24, c;
```

```
c=fun(x,y);    printf("%d\n",c);
return 0;
}
```

A. 8　　　　B. 6　　　　C. 5　　　　D. 4

（15）以下程序执行后输出结果是_____。

```
#include<stdio.h>
#include<stdlib.h>
void fun(char *str)
{   int i, j;
    for(i=j=0; str[i]!= '\0'; i++)
        if(str[i]!='a'+2) str[j++]=str[i];
    str[j]= '\0';
}
int main()
{   char str[]="abcdefgca";  //能将本语句改成 char *str="abcdefgca";吗?
    fun(str);
    printf("str=%s\n",str);
    return 0;
}
```

A. str=abcdefgca B. str=abdefga　　C. str=bcdefgc　　D. 程序有错

（16）以下程序执行后输出结果是_____。

```
#include<stdio.h>
#include<stdlib.h>
int x=1;
void fun(int m)
{   x+=m;
    {
        char x='A';
        printf("%d\n",x);
    }
    printf("%d,%d,",m,x);
}
int main()
{   int m=5;
    fun(m);printf("%d,%d\n",m,x);
    return 0;
}
```

A. 65,5,65,5,7 　　　　　　B. 65,5,65,5,1
C. 65,5,65,6,7 　　　　　　D. 65,5,6,5,6

（17）以下程序执行后输出结果是_____。

```
#include<stdio.h>
#include<stdlib.h>
int c=1;
void fun()
{   int a=4;//若改成 static int a=4; 结果如何?
```

```
    int b=10;
    a+=2;    c+=10;  b+=c;
    printf("%d, %d, %d\n",a,b,c);
}
int main()
{   int a=5, b=6;
    printf("%d, %d, %d\n",a,b,c);
    fun();
    printf("%d, %d, %d\n",a,b,c);
    return  0;
}
```

    A. 5,6,1   B. 5,6,11   C. 5,6,1   D. 5,6,1

      6,21,11   5,21,11   5,21,11   6,11,11

      5,6,11   5,6,11   5,6,11   5,6,11

（18）以下程序执行后输出结果是_____。

```
#include<stdio.h>
#include<stdlib.h>
int fun(int x, int y)
{
    static int i=1;
    return(x+y+(i++));
}
int main()
{
    int m=10,n=20,k;
    int i;
    for(i=1;i<=2;i++){
        k=fun(m,n);
        printf("%d,",k);
    }
    return  0;
}
```

    A. 31,32,   B. 32,33,   C. 30,31,   D. 30,30,

（19）以下程序段执行后输出结果是_____。

```
char *str[]={"ABCD","IJKL","MNOP","QRST","UVWX"};//能改成 str[][5]吗?
char **p; int i;
p=str;
for(i=0;i<3;i++) printf("%s",p[i]);
```

    A. ABCDEFGHIJKL   B. ABCD

    C. ABCDIJKLMNOP   D. AEIM

（20）下面的程序运行时，若从键盘输入"123#"四个字符，输出是_____。

```
#include<stdio.h>
#include<stdlib.h>
void reserve()
```

```
{   char c;
    c=getchar(); putchar(c);
    if(c!='#') reserve();
    putchar(c);  //删除这行的 putchar(c);结果如何?
}
int main()
{
    reserve();
    return  0;
}
```

    A. 123##   B. 123#123#   C. 123##321   D. 123123

2. 填空题

（1）若有函数调用语句：show((1,2),(1,2,3));，则函数 show( )的参数有_____个。

（2）C 语言中函数被调用时，参数总是_____传递的。

（3）以下程序执行后输出结果是_____。

```
#include<stdio.h>
#include<stdlib.h>
void swap(int a,int b)
{
    a=a+b; b=a-b;  a=a-b;
    printf("in fun: %d,%d\n",a,b);
}
int main()
{   int a=1, b=2;printf("%d,%d\n",a,b);
    swap(a,b);printf("%d,%d\n",a,b);
    return  0;
}
```

（4）以下程序执行后输出结果是_____。

```
#include<stdio.h>
#include<stdlib.h>
void change(int n)
{   int i;
    putchar(n%10+'0');
    if((i=n/10)!=0) change(i);
}
int main()
{   int n=-103;
    if(n<0) {  n=-n; putchar('-');  }
    change(n);
    return  0;
}
```

（5）以下程序执行后输出结果是_____。

```
#include<stdio.h>
#include<stdlib.h>
void change(int x)
```

```
{
    if(x>0)
    {
        change(x/2);
        if(x%2==0)printf("0");
        else if(x%2==1) printf("1");
    }
}
int main()
{   change(6);
    printf("\n");
    return  0;
}
```

（6）插入排序可以用一句话概括：将数组的第 i 个元素插入到前 i-1 个已经有序的序列之中。下面的程序实现了插入排序，请将空白处补充完整。

```
#include<stdio.h>
#include<stdlib.h>
void insertSort(int *a, int n, int x)  //一趟直接插入排序
{
    int i, k;
    for(i=0;i<n;i++)  //寻找插入位置
        if(a[i]>x) break;
    for(k=n;k>=i;k--)//循环后移
        _____ ;
    a[i]=x;  //插入
}
int main()
{
    int a[]={1,5,8,2,4,3,9,7,0,6}, n=10, i;
    for(i=1;i<n;i++)   insertSort(_____, _____, _____ );
    for(i=0;i<n;i++) printf("%d,",a[i]);
    printf("\n");
    return  0;
}
```

（7）以下程序的功能是统计一个整型数组中正数的个数。请将空白处补充完整。

```
#include<stdio.h>
#include<stdlib.h>
void funAmount(int a[],int n,int *count){
    *count=0;
    int i;
    for(i=0;i<n;i++)
    if(a[i]>0) _____;
}
int main()
{
    int a[]={1,-3,-5,0,2,-8,4,6},n=8;
```

```
    int count;
    funAmount (a,n, _____);
    printf("count=%d\n",count);
    return  0;
}
```

（8）以下程序的功能是将一个整型数组分解成两个数组：一个是正数数组，另一个是非正数数组。请将空白处补充完整。

```
#include<stdio.h>
#include<stdlib.h>
void funSplit(int a[],int n,int arr1[],int *len1,int arr2[],int *len2){
    *len1=*len2=0;
    int i;
    for(i=0;i<n;i++){
        if(a[i]>0) arr1[_____]=a[i];
        else arr2[_____]=a[i];
    }
}
void funShow(int a[],int n){
    int i;
    for(i=0;i<n;i++) printf("%d",a[i]);
}
int main()
{
    int a[]={1,-3,-5,0,2,-8,4,6},n=8;
    int arr1[8],arr2[8];
    int len1,len2;
    funSplit (a,n,arr1, _____,arr2, _____);
    funShow(arr1,len1);
    printf("\n");
    funShow(arr2,len2);
    return  0;
}
```

（9）以下程序的功能是将一个字符串分解成 3 个字符串（即字母、数字、其他符号字符串）。请将空白处补充完整。

```
#include<stdio.h>
#include<stdlib.h>
#include<string.h>
void funSplit(char*s,char*d1,char*d2,char*d3){
    int len1=0,len2=0,len3=0;
    int i=0, len= _____;
    while(i<len){
        if((s[i]>='A'&&s[i]<='Z') || (s[i]>='a'&&s[i]<='z')) d1[_____]=s[i];
        else if(s[i]>='0'&&s[i]<='9') d2[_____]=s[i];
        else d3[_____]=s[i];
        i++;
    }
```

```
        _____;
        _____;
        _____;
}
int main()
{
    char s[100]; gets(s);
    char d1[100],d2[100],d3[100];
    funSplit(s,d1,d2,d3);
    puts(d1);
    puts(d2);
    puts(d3);
    return  0;
}
```

（10）以下程序的功能是对一个 2×3 的矩阵进行转置。请将空白处补充完整。

```
#include<stdio.h>
#include<stdlib.h>
void funTrans(int a[][3],int row,int b_____)
{
    int i,j;
    for(i=0; i<row; i++)   for(j=0; j<3; j++) b_____=a[i][j];
}
int main()
{
    int a[][3]= {
        {1,2,3},
        {5,6,7},
    };
    int i,j;
    int b[3][2];
    funTrans (a,2, _____);
    for(i=0; i<3; i++)
    {
        for(j=0; j<2; j++) printf("%d\t",b[i][j]);
        printf("\n");
    }
    return 0;}
```

（11）以下程序的功能是在一个 4×5 二维整型数组中求马鞍点。马鞍点是满足在这一行上它是最小的，但在其所属的列上却是最大的一个元素。一个二维数组可能不存在这样的元素，也可能存在多个，若存在多个的话，它们必然是相等的（下面的代码没有考虑多个马鞍点）。请将空白处补充完整。

```
#include<stdio.h>
#include<stdlib.h>
int calRowMin(int a[][5],int i) {//在第 i 行上求最小元素，返回其列号
    int t=a[i][0];
    int j,col=0;
```

```
        for(j=1;j<5;j++) if(t>a[i][j]) {t=_____;  col=_____;}
        return col;
    }
int calColMax(int a[][5],int j){//在第 j 列上求最大元素，返回其行号
        int t=a[0][j];
        int i,row=0;
        for(i=1;i<4;i++) if(t<a[i][j]) {t=_____;   row=_____;}
        return row;
    }
int main(){
        int a[][5]={
            {3,2,5,4,1},
            {8,7,6,8,7},
            {3,4,5,4,1},
            {9,8,7,8,8}
        };
        int i,j,flag=0;
        for(i=0;i<4;i++){
            int col=calRowMin(a, _____ );
            int row=calColMax(a, _____ );
            if(a[i][col]==a[row][col]){
                _____;
                printf("Saddle Point is a[%d][%d]:%d\n",i,col,a[i][col]);
            }
        }
        if(flag==0) printf("No Saddle Point!\n");
    return 0;
    }
```

（12）凡在函数中未指定存储类型的局部变量，其默认的存储类型为_____。

（13）在一个 C 程序中，若要定义一个多文件共享的全局变量，则该变量需要定义的存储类型为_____。

（14）以下程序执行后输出结果是_____。

```
#include<stdio.h>
#include<stdlib.h>
int p=0;
void fun(int m)
{
    m+=++p;  p+=m;
    printf("m=%d,p=%d;",m,p++);
}
int main(){
    int i=4;
    fun(i++);
    printf("i=%d,p=%d\n",i,p);
    return  0;
}
```

（15）以下程序执行后输出结果是_____。

```c
#include<stdio.h>
#include<stdlib.h>
int a=1;
int f(int x){
    static int a=2;
    x++;
    return (++a)+x;
}
int main(){
    int i,k=0;
    for(i=0; i<2; i++)
    {
        int a=10;
        k+=f(a);
        printf("---%d\n",k);
    }
    k+=a;
    printf("k=%d\n",k);
    printf("a=%d\n",a);
    return 0;
}
```

3．**编程题**（使用自定义函数）

（1）求一个整型数组的次大值。

（2）使用二分法求方程 $x^3-x^2-1=0$ 在[1,2]内的近似解。

（3）子串定位。若主串 str="acaabcbca"，求指定子串 subStr="abc"在主串中第一次出现的位置。

（4）取子串。从主串中下标为 start 的字符开始，截取连续的 len 个字符组成一个新的字符串。

（5）用子串 v 替换主串 str 中第一次出现的子串 u。

（6）用指定子串 v 替换主串 str 中出现的所有子串 u。

（7）将一个不超过 5 位的正整数转换成对应的中文。如 12345 转换成"壹万贰千叁百肆拾伍"，而 12003 转换成"壹万贰千零叁"。

（8）数学黑洞。任意一个 4 位自然数，将组成该数的各位数字分离重新排列，形成一个 4 位的最大数和一个最小数，再将这两个数相减得到差。将差值再分离重新排列……重复进行上述操作，你会发现一个神秘数。请编程实现。

（9）使用递归的方式，求一个数组中所有元素的和。

（10）对一个自然数 n（n≤50），统计具有下列性质的数的个数：自然数 n，在 n 的左边加上一个自然数，但该自然数不能超过原数的一半；继续按此规律进行处理，直到不能再加自然数为止。例如：6,16,26,126,36,136，共 6 个。

习 题 11

1. 选择题

（1）以下叙述中错误的是_____。

    A．#define MAX 12;　是合法的宏定义

    B．预处理命令一般不以分号作为命令行的结束

    C．在程序中凡是以"#"开始的语句行都是预处理命令行

    D．宏定义是在程序执行的过程中完成替换的

（2）若程序中有宏定义行：

```
#define  N  100
```

则以下叙述中正确的是_____。

    A．宏定义行中定义了标识符 N 的值为整数 100

    B．对 C 源程序进行编译时用 100 替换标识符 N

    C．在程序运行时用 100 替换标识符 N

    D．在程序编译时用 100 替换字母 N

（3）以下叙述正确的是_____。

    A．不能把 include 定义为用户标识符

    B．可以把 define 定义为用户标识符，但不能把 include 定义为用户标识符

    C．可以把 include 定义为用户标识符，但不能把 define 定义为用户标识符

    D．define、include 都可以作为用户标识符

（4）以下程序运行后输出结果是_____。

```
#include<stdio.h>
#define  FAdd(X,Y)  X+Y
int main()
{   int a=3, b=4;
    printf("%d\n",FAdd(a, b++));
    return 0;
}
```

    A．7　　　　　　　　B．8　　　　　　　　C．9　　　　　　　　D．10

（5）若有如下宏定义：

```
#define  N  (1+2)
#define  y(n)  (n*N)
```

则执行下列语句：z=2*y(3);后，整型变量 z 的结果是_____。

若是："#define N 1+2"呢？

    A．语句有错误　　B．18　　　　　　C．10　　　　　　D．14

2. 程序调试题

（1）对例 6_6、7_11、7_17、8_9 的程序代码进行过程式单步调试（Next line），仔细观

察语句的执行情况、变量值的变化情况。

（2）对例 10_4 中的自定义函数进行进入式单步调试（Step into）。

（3）对例 10_15 中的递归函数进行进入式单步调试，仔细观察递归调用的深入和返回。

习　题　12

1. 选择题

（1）在 32 位的 C 语言编译系统上，系统给一个结构体变量分配的内存大小是_____。
若是一个共用体变量，则是_____。

  A. 各成员所需内存量的总和

  B. 成员中占内存量最大者所需的容量

  C. 对所有的 C 语言编译器来说，结果是相等的

  D. 不能确定

（2）有如下说明语句，则叙述不正确的是_____。

```
struct stu{
    int id;
    float score;
}stuType;
```

  A. struct 是结构体类型的关键字

  B. struct stu 是用户定义的结构体类型名

  C. stuType 是用户定义的结构体类型名

  D. id 和 score 都是结构体成员名

（3）以下对结构体变量的定义中，不正确的是_____。

  A. typedef struct aType{ int id; float score;}AType; AType tx1;

  B. #define AType struct aType

   AType{ int id; float score;}tx1;

  C. struct { int id; float score;}aa;struct aa tx1;

  D. struct{ int id; float score;}tx1;

（4）有以下说明语句，对 age 的正确引用是_____。

```
struct  sType{int age; int sex;}stu1,*p;p=&stu1;
```

  A. p->age   B. stu1.age   C. *p.age   D. (*p).age

（5）以下程序段执行后，输出结果是_____。

```
struct  sType {int n; char *c;}*p;
char  d[]={'a','b','c','d','e'};
struct  sType  a[]={10,&d[0], 20,&d[1],30, &d[2], 40,&d[3], 50,&d[4] };
p=a;
printf("%d,",++p->n);
printf("%d,",(++p)->n);
```

```
printf("%c\n",*(++(p->c)));
```

    A．20,30,c   B．20,30,d   C．10,20,c

    D．11,20,不确定   E．11,20,c

（6）有如下语句：

```
struct stuType{char *name; int no; char gradeName;};
struct stuType stu, *p=&stu;
stu.name="zhang";
```

则以下叙述不正确的是_____。

    A．p->name 的值是"zhang"   B．(*p)->name+2 的值是'a'

    C．*p->name+2 的值是'a'   D．*(p->name+2)的值是'a'

（7）以下程序执行后输出结果是_____。

```
#include<stdio.h>
structs Type{int x; char *s;}t;
int func(structsType t)
{
    t.x=10;   t.s="computer";   return 0;
}
int main()
{
    t.x=1;   t.s="minicomputer";
    func(t);
    printf("%d,%s\n",t.x,t.s);
    return 0;
}
```

    A．10,computer   B．1,minicomputer

    C．1,computer   D．10,minicomputer

（8）以下各选项试图说明一种新的类型名，其中正确的是_____。

    A．typedef integer int;   B．typedef integer=int;

    C．typedef int integer;   D．typedef int=integer;

（9）以下程序段执行后的输出结果依次是_____。

```
union UType{
    char c;
    short s;
    int i;
    float f;
}uVar;
uVar.i=65400;
printf("%d\n",sizeof(uVar));
printf("%c\n",uVar.c);
printf("%d\n",uVar.s);
printf("%d\n",uVar.i);
printf("%f\n",uVar.f);
```

  A．x   B．–136   C．65400   D．0.000000

  E．4   F．2   G．12   H．不确定

（10）针对定义：enum EType {A0, A1, A2=5, A3, A4, A5} e;

执行 e=A3; printf("%d\n",e); 后，输出是_____。

  A．2   B．3   C．6   D．编译时出错

2．编程题

（1）学生结构体由学号 id 和成绩 score 构成。输入 n 个学生的信息，找出成绩最高、最低的学生记录，求成绩的中位数和平均值。请编写程序使用函数实现上述要求。

（2）某公司的产品销售记录表由产品编号 id（5 位数字串）、产品名称 name（10 位字符串）、单价 price（浮点型）、销量 count（整型）、销售额 total（浮点型）五部分组成，其中：销售额=单价×销量。请编写程序通过函数实现相关数据的输入输出，以及按产品编号进行排序、按销售额进行排序。

（3）定义一个表示季节的枚举类型（枚举值是 Spring、Summer、Autumn、Winter），输入数字式月份，输出相应季节的英文字符串。

习　题　13

1．阅读题

以下单链表中各结点的 data 域依次递增（单链表的类型与主教材中 13.2.1 节的相同）。现依次执行下列语句，结果是怎样的？请画出各执行结果的示意图。

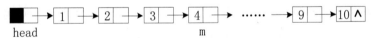

（1）p=head->next;

（2）q=p->next;

（3）r=q->next; r->data=p->data;

（4）t=p; while(t!=NULL){ t->data=t->data*2; t=t->next; }

（5）t=p; while(**t->next**!=NULL){ t->data=t->data*2; t=t->next; }

（6）t=head;

  while(t->next!=NULL){ t=t->next; }

  t->next=head->next;

（7）p->next=m->next; free(m);

（8）LinkList t=(LinkList)malloc(sizeof(NodeType));

  t->data=1000;

  q=p->next ;

  t->next=q;

  p->next=t;

2．编程题

（1）使用两种方法（头插法、尾插法）分别建立不带头结点、拥有 10 个元素的单链表。

（2）将两个带头结点的单链表的首尾连接起来，合并成一个单链表。

（3）使用循环链表实现约瑟夫问题（约瑟夫问题的描述见主教材的例 8_9）。

习　题　14

1．选择题

（1）设备文件名 stdin 对应的标准输入设备是_____，stdout 对应_____。

    A．键盘　　　　　　B．磁盘　　　　　　C．打印机　　　　　　D．显示器

（2）下列关于文件的叙述中正确的是_____。

    A．C 语言只能对文本文件进行读写

    B．C 语言只能对二进制文件进行读写

    C．文件由字符序列组成，可按数据的存放格式分为二进制文件和文本文件

    D．文件由二进制数据序列组成

（3）以下表示文件名的字符串中，可作为函数 fopen 中第一个参数的是_____。

    A．"c://user//test.txt"　　　　　　　　B．"c:/user/test.txt"

    C．"c:\\user\\test.txt"　　　　　　　　D．"c:/user/test.txt "

（4）若要建立一个新的二进制文件，该文件要既能读也能写，则文件操作模式字符串应该为_____。

    A．"ab+"　　　　　B．"wb+"　　　　　C．"rb+"　　　　　D．"ab"

（5）fwrite() 函数的一般调用形式是_____。

    A．fwrite(buffer,count,size,fp);　　　　B．fwrite(fp,size,count,buffer);

    C．fwrite(fp,count,size,buffer);　　　　D．fwrite(buffer,size,count,fp);

（6）C 语言文件操作函数 fread(buffer,size,count,fp) 的功能是_____。

    A．从文件 fp 中读 count 个字节存入 buffer

    B．从文件 fp 中读取单位大小为 size 字节的 count 个数据存入 buffer 中

    C．从文件 fp 中读入 count 个字节放入大小为 size 字节的缓冲区 buffer 中

    D．从文件 fp 中读入 count 个字符数据放入 buffer 中

（7）函数调用语句 fseek(fp,−20L,2) 的含义是_____。

    A．将位置指针移动到距离文件头 20 个字节处

    B．将位置指针从当前位置向后移动 20 个字节

    C．将位置指针从文件末尾向前移动 20 个字节

    D．将位置指针从当前位置向前移动 20 个字节

（8）以下程序段的功能是_____。

```
File *fp;
char  str[]="Hello";
fp=fopen("PRN","w");
fputs(str,fp);
fclose(fp);
```

    A．在显示器上显示"Hello"　　　　　B．把"Hello"存入 PRN 文件中

C. 在打印机上打印出"Hello"   D. 以上都不对

（9）有自定义函数：

```
void fun(char *fname,char*st){
    FILE* myf=fopen(fname, "w");int  i;
    for(i=0;i<strlen(st);i+)  fputc(st[i],myf);
    fclose(myf);
}
```

若执行 fun("test.txt","new world"); fun("test.txt","hello,");后，文件 test.txt 中的内容是_____。

     A. hello,   B. new worldhello,   C. new world   D. hello,rld

（10）以下程序段执行后，输出结果是_____。

```
int  i=20,j=30,k,n;
FILE *fp=fopen("d1.dat","w");
fprintf(fp,"%d\n",i);    fprintf(fp,"%d\n",j);
fclose(fp);
fp=fopen("d1.dat","r");
fscanf(fp,"%d%d",&k,&n);
printf("%d,%d\n",k,n);
fclose(fp);
```

     A. 20,30   B. 20,50   C. 30,50   D. 30,20

2．编程题

（1）将 A～Z、a～z、0～9 共 62 个字符写入文本文件，再读出，且按大写字母、小写字母、数字字符的类别分三行输出。

（2）将整数 0～9、单精度浮点数 3.14、9.8 写入二进制文件，再打开读出，并在显示器上输出。

（3）编写显示文本文件部分内容的程序，命令行如下：typex filename m n<Enter>

其中：typex 是程序名，filename 是被显示文本文件的文件名，m 和 n 指定了显示的范围，即显示指定文件的从 m 行到 n 行的内容；当 m 和 n 不指定时，则显示文件的全部内容。

（4）针对主教材中【例 14_5】生成的文件，从中读取学生信息到一个结构体数组，再按总成绩进行排序，将有序的结构体数组写入另一文件永久保存，最后读取新文件的内容并在屏幕上显示。

第2部分 实 验 指 导

实验1 C语言集成开发环境

1. 实验目的

（1）掌握在C语言集成开发环境中新建、打开、存储、编译和运行一个C语言程序的方法。

（2）掌握C语言源程序的基本框架。

（3）掌握使用printf()输出字符串常量的方法。

（4）熟练使用几个与程序代码编辑相关的功能键。

2. 实验指导

把集成了程序的编辑、编译、连接、调试于一体的开发软件称为集成开发环境（Integrated Development Environment，IDE）。

C语言的集成开发环境（IDE）比较多，常用的有 Dev-C++、C-Free、Code::Blocks、Visual C++ 6.0、VS.Net 等。我们可以选择其中的一种进行安装、使用。下面对这几种 IDE 软件的使用进行简单的介绍。

1）Dev-C++

Dev-C++是一款开源免费的 IDE 软件。

（1）Dev-C++的下载。打开网址 http://www.bloodshed.net/dev/devcpp.html，找到 DownLoads 中的 Dev-C++ 5.0 beta 9.2 (4.9.9.2) (9.0 MB) with Mingw/GCC 3.4.2。单击 SourceForge 上的超链接，如图 2.1 所示，即可进入下载页。

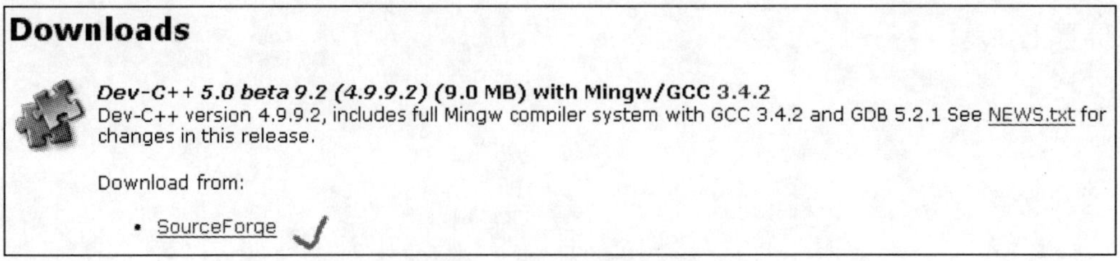

Downloads

Dev-C++ 5.0 beta 9.2 (4.9.9.2) (9.0 MB) with Mingw/GCC 3.4.2
Dev-C++ version 4.9.9.2, includes full Mingw compiler system with GCC 3.4.2 and GDB 5.2.1 See NEWS.txt for changes in this release.

Download from:

• SourceForge ✓

图 2.1 Dev-C++下载页

（2）Dev-C++的安装。使用上面的超链接下载得到的是 devcpp-4.9.9.2_setup.exe 文件。在该文件上双击，进行"傻瓜"式安装（一路单击"Next"按钮）。

（3）Dev-C++的简单使用。以配套主教材上的第一个程序 demo1_1.c（或 demo1_1.cpp）

为例，介绍使用 Dev-C++进行上机操作的基本步骤。

① 启动 Dev-C++软件。通过计算机桌面左下角的"开始\程序"菜单找到"Bloodshed Dev-C++\ Dev-C++"菜单项，单击它即可启动该 IDE 软件。

若是第一次运行该软件，呈现在用户面前的是软件界面的语言选择和快捷工具栏按钮外观选择，可以一律忽略（相当于选择了默认值），从而直接进入软件的主界面。软件的主界面如图 2.2 所示。

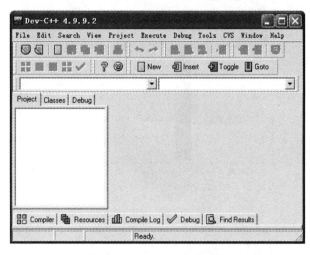

图 2.2 Dev-C++的主界面

② 新建 C 语言代码文件。单击软件的"File\New\Source File"菜单项，或者单击快捷工具栏上的"Source File"按钮，或者单击快捷工具栏上的"New\Source File"按钮，即可建立一个空白的代码文件，且其默认文件名是 Untitled1.cpp，如图 2.3 所示。图中最大的空白区域是代码编辑区。

图 2.3 创建一个新的空文件

③ 编辑。在代码编辑区，完整地输入 demo1_1.cpp 的代码。

代码输入完毕后，应使用该软件的 "Save" 或 "Save As" 功能，将这个文件重新命名且保存到专门的文件夹，如 e:\c_prg\demo1_1.cpp；或者在新建空白代码文件之后，马上以 e:\c_prg\demo1_1.cpp 为文件名保存文件，再编辑代码，再保存文件，如图 2.4 所示。

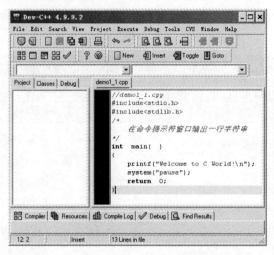

图 2.4　程序 demo1_1.cpp 的源代码

在 Dev-C++中 C 语言程序源文件的基本框架可以是下述几行代码：

```
#include<stdio.h>
#include<stdlib.h>
int main(){
    //在此添加主体功能代码
    system("pause");
    return 0;
}
```

④ 编译。编译就是将源文件翻译成二进制形式目标文件的过程。具体操作方法是：单击软件的 "Execute\Complie" 菜单项，或者按下【Ctrl+F9】组合键，或者单击快捷工具栏中的按钮，进行程序的编译（Compile）。编译若没有任何错误，则会显示编译进度对话框及相关信息，如图 2.5 所示。

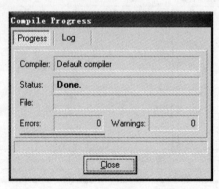

图 2.5　demo1_1.cpp 编译进度对话框

由于 Dev-C++软件设计的特殊性——它将编译与连接合并在了一起。因此，若程序 demo1_1.cpp 的源代码没有错误，则经过上面的编译操作之后，直接生成 demo1_1.exe 文件。

若程序 demo1_1.cpp 的源代码存在错误，例如：system("pause") ;后的分号漏写了，在编译时将显示错误信息，如图 2.6 所示。

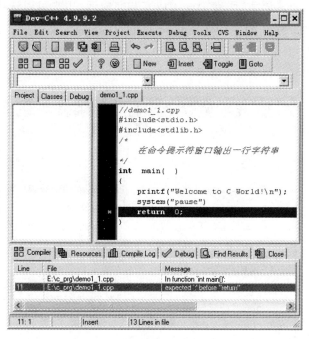

图 2.6　程序存在编译错误

根据提示信息来修改错误。根据错误信息定位可能错误的位置、改正错误，再重新编译程序。只有改正了程序中的所有错误，编译才能顺利通过，才会生成 exe 可执行文件。

编辑源文件 demo1_1.cpp，经编译、连接生成可执行文件 demo1_1.exe。从这里可以看出：源文件、目标文件、可执行文件——它们的主文件名是相同的，只是扩展名发生了变化，而扩展名一般代表了文件的性质。

⑤ 运行。单击软件的 "Execute\run" 菜单项，或者按下【Ctrl+F10】组合键，或者单击快捷工具栏上的 按钮，进行程序的运行（run）。程序运行结果如图 2.7 所示。

图 2.7　程序 demo1_1.exe 运行结果

看清了程序输出的结果后，按下任意键都可以关闭图 2.7 所示窗口，且返回到代码编辑窗口。总之，不管使用何种方式，都应该关闭图 2.7 所示窗口；否则，可能导致程序再次运行时出错或者其他 C 语言程序运行时出错。

在完成了 demo1_1.cpp 的上机操作后，若需要写另一个程序，绝对不能在 demo1_1.cpp

的后面继续进行编辑。因为这样，就会出现一个程序文件中"存在多个 main 函数"的错误。正确的操作方法是：通过"File\Close All"菜单项关闭 Dev-C++中的所有文件，再从"File\New\Source File"开始建立另一个源文件，然后编辑、编译、运行程序。

若不需要写程序了，可以直接关闭 Dev-C++软件。

Dev-C++ 5.0 是一个多语言版，在 Dev-C++安装完成后，用户可以选择设置成中文界面。具体设置方法是：单击软件的"Tools\Environment Options"菜单项，打开"Environment Options"对话框中的"Interface"选项卡，在 Language 下拉列表框中选择"Chinese"，最后单击"OK"按钮即可，如图 2.8 所示。

图 2.8　Dev-C++中文界面的设置

但是，建议用户使用英文版的。

2）C-Free

C-Free 是一款国产的共享 IDE 软件，短小精悍，操作简便。

（1）C-Free 的下载。用户可以使用搜索工具进行 C-Free 软件的搜索和下载。网址 http://www.programarts.com/是 C-Free 的官方网站。打开该网页后，选择中文版超链接，进入 C-Free 的中文网页，通过"马上下载、并下载带编译器的 C-Free5.0 专业版"进行下载，下载链接是 http://www.programarts.com/ cfree_ch/download.htm。

（2）C-Free 的安装。直接运行下载得到的文件 cfree5pro_setup.exe，进行"傻瓜"式的安装。注意：安装文件夹的名称中最好不要含有空格。

（3）C-Free 的简单使用。

① C-Free 的启动。安装完成后，直接运行 C-Free 的快捷方式，即可启动 C-Free 软件。启动后呈现在用户面前的是图 2.9 所示的对话框。

图 2.9　C-Free Start Here 对话框

直接单击该对话框右下角的"关闭"按钮，关闭该对话框。接下来呈现的就是 C-Free 软件的主界面。C-Free 安装默认是中文版，可通过软件主菜单"工具\环境选项"中的"语言"下拉列表选择"English"将软件设置成英文界面。

② 新建 C 语言源文件。单击"文件\新建"菜单项可以建立一个空白的默认文件名是"未命名 1.cpp"的文件，如图 2.10 所示。

图 2.10　空白的"未命名 1.cpp"文件

③ 编辑。既可以在代码编辑区直接输入程序的完整代码，也可以先自动创建程序的框架，再输入程序的主体功能代码。创建程序框架的方法是：在代码编辑区右击，再单击弹出菜单中的"插入代码模板…\C template"菜单项。

编辑完程序的代码后，在程序源代码的末尾空一行（这是 C-Free 软件的特殊要求，如图 2.11 所示）。最后，对默认文件名重命名并存储文件到特定文件夹。

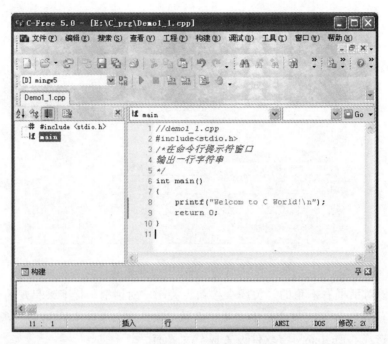

图 2.11 demo1_1.cpp 的源代码窗口

④ 编译、构建并运行。单击"构建\运行"菜单项，可以完成对源文件的编译、对目标文件的连接、对可执行文件的运行，也可以直接单击快捷工具栏上绿色的三角形按钮完成"编译、连接、运行"三合一的功能。若在这三步的过程中都没有错误，则可得到相应的结果；否则，需改正错误，再进行编译、构建和运行。

当然，编译、构建、运行这三步是可以分别进行的，都位于"构建"菜单之内。

完成了一个程序的编辑、编译、连接和运行之后，先关闭显示运行结果的窗口，再通过"文件\全部关闭"关闭所有的文件，最后通过"文件\新建"开始下一个程序的建立。

3）Code::Blocks

Code::Blocks 是一款开源免费的 IDE 软件。其下载、安装、使用参见主教材的相关内容。

4）Visual C++ 6.0

Visual C++ 6.0 是世界著名软件公司 Microsoft（微软）的产品，其功能强大、操作简便。目前，该软件与操作系统 Windows 7 及以上版本存在兼容性的问题。

（1）Visual C++ 6.0 的安装。直接运行安装包中的安装文件 setup.exe，进行"傻瓜"式的安装。

（2）Visual C++ 6.0 的简单使用。

① Visual C++ 6.0 的启动。通过"开始\程序"菜单找到"Microsoft Visual Studio 6.0\Microsoft Visual C++ 6.0"菜单项（实际上是文件 msdev.exe 的快捷方式），单击该菜单项就可以启动 Microsoft Visual C++ 6.0 软件。

② 新建 C 语言源文件。在 Microsoft Visual C++ 6.0 软件的"File"菜单中单击"New"菜单项，弹出图 2.12 所示的 New 对话框，选择"Files"选项卡，在下面的列表框中选择

"C++ Source File"选项，在右侧 File 文本框中输入文件名 c1_1.cpp（或者 c1_1），单击 Location 文本框右侧的"…"按钮，选择文件 c1_1 的存储文件夹（这里选择的是 D:\C_PRG），最后单击"OK"按钮（共 5 个步骤）。

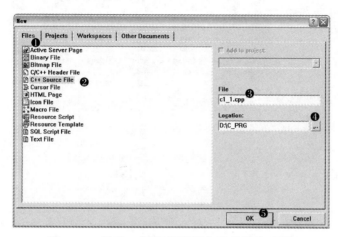

图 2.12　新建 C 语言程序源文件的操作步骤

（3）编辑。在上一步中单击"OK"按钮后，呈现出的最大白色区域就是代码的编辑窗口，在其中严格输入如下代码并保存。

```
#include<stdio.h>
int main(){
    printf("Welcome to C World!\n");
    return 0;
}
```

（4）编译、构建并运行。单击快捷工具栏上的感叹号按钮，完成"编译、连接、运行"三合一的功能。在进行这三项功能的过程中，若出现一些消息框，请阅仔细读其内容再按下相关按钮（一般只需连续按下 OK 按钮）；最后，若没有错误则可以自动运行得到输出结果。

完成了一个程序的编辑、编译、连接、运行后，若需写下一个程序，务必先使用软件的"File\close workspace"菜单项关闭当前工作空间的所有文件之后，再重复前面的❶❷❸❹步骤。

5）VS.Net 的简单使用

VS.Net 是微软研发的一款多语言开发套装软件，可使用 Visual Basic、Visual J++、Visual C#、Visual C++等语言进行编程。我们使用其中的 Visual C++进行 C 语言程序的编写。下面以 VS.Net 2008 为例，简要介绍其使用方法。

（1）通过 Visual Studio.Net 的快捷方式启动该软件。

（2）通过其"文件"菜单中的"新建项目"菜单项打开"新建项目"对话框。

（3）在"新建项目"对话框左边的"项目类型"中选择"Visual C++"，在右边的"模板"中选择"Win32 控制台应用程序"；再在下方输入项目的名称，如"demo1_1"；在位置处通过"浏览"按钮设置项目的存储位置，如"D:\cprg"，单击"确定"按钮，如图 2.13 所示。

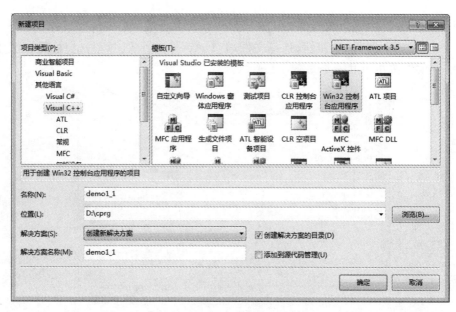

图 2.13 "新建项目"对话框

（4）图 2.13 中单击"确定"按钮，在随后出现的对话框中可直接单击"完成"按钮（见图 2.14），完成项目 demo1_1 的建立。

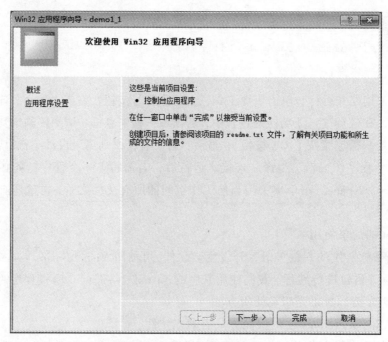

图 2.14 Win32 应用程序向导

（5）在图 2.14 中单击"完成"按钮后，自动打开项目中文件名是 demo1_1.cpp 的文件，可直接在其中输入相关代码（图中人工插入了 3 行代码，行尾带注释的），如图 2.15 所示。

从图中可发现程序 demo1_1.cpp 的主函数名是"_tmain"，完全可以将它改成图 2.16 所示的代码。

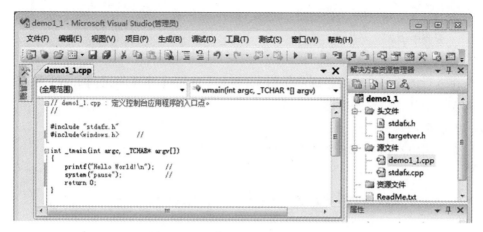

图 2.15　文件 demo1_1.cpp 的代码

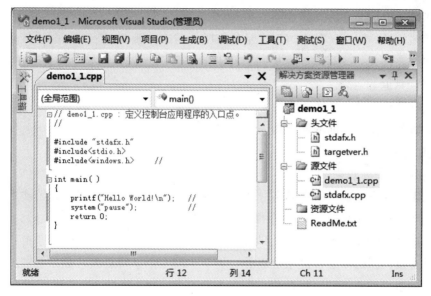

图 2.16　改写后的 demo1_1.cpp 文件

（6）单击快捷工具栏上绿色三角形按钮进行程序的运行。

3．实验内容

针对所使用的编程环境，完成下述各题。

（1）在 C 语言编程软件中以 demo1_1.cpp 为例，练习 C 语言程序设计上机操作步骤；了解各阶段生成文件的存放位置、扩展名、意义。

（2）将 demo1_1.c 中的 printf("Hi,Welcome to C World!\n")改成 printf("Hi,Welcome to C World! ")，或者改写成 printf("Hi,\nWelcome to\nC\nWorld!\n")，再次编译、连接、运行程序，仔细观察输出结果有何差别，从而理解"\n"的作用。

（3）更改 demo1_1.c 的代码（故意错写、漏写字母或标点等），再编译、连接、运行，观察错误信息及修正错误（注意错误代码行、错误提示信息与实际错误的关联性）。

（4）使用函数 printf()，在显示器上输出如下图形。

```
**********************
*                    *
*       爱我中华      *
*                    *
**********************
```

（5）在进行源代码编辑时，练习使用【Tab】、【Insert】、【Home】、【End】等键，理解它们的功能、灵活使用这些按键。

4. 思考题

根据你选用的 C 语言 IDE 软件，观察、思考其菜单的组织有何特点。

实验 2　数据存储和计算

1. 实验目的

（1）掌握标识符命名的方法及一般规则。

（2）掌握常量的定义，基本类型变量的声明、定义和赋值。

（3）掌握表达式的改写和计算规则，特别是模运算（%）、自加（++）和自减（--）、位运算、复合赋值等运算。

（4）理解字符与其 ASCII 码间的关系。

（5）了解基本类型数据的简单输入、输出。

2. 实验指导

1）标识符的命名规则

简单地说，标识符就是一个名字、一个代号。在 C 语言中，符号常量、类型名、变量名、函数名等都称为标识符，标识符的命名遵守如下规则：

（1）对有效字符的限定：只能由字母、数字和下画线组成，且必须以字母或下画线开头。

（2）对有效长度的限定：随系统而异，但至少前 8 个字符有效。如果超长，则超长部分被舍弃。随着操作系统的升级换代，现在一般不考虑这一点了。

（3）C 语言的关键字不能用作自定义标识符。

（4）标识符命名的良好习惯——见名知意。

所谓"见名知意"是指：通过变量名就知道变量的意义、作用。所以，应选择意义明确、浅显的英文单词（或缩写）、汉语拼音或汉语拼音的声母作标识符。

例如：

使用 name、xm、xingming 作为姓名的标识符。

使用 sex、xingbie、xb 作为性别的标识符。

使用 age、nianling、nl 作为年龄的标识符。

使用 salary、gongzi、gongZi、GongZi、gz、GZ 作为工资的标识符。

标识符是严格区分字母大小写的。

2）常量的定义

常量的值在一个程序内、任何时刻都是不能改变的。

可通过两种方式指定常量：

一是使用宏定义。例如：

```
#define Number 45
```

表示凡是出现标识符 Number 的地方都用 45 来代替。

二是使用关键字 const 来定义。例如：

```
const  int  Number=45;
```

按这种形式定义的变量称为只读型变量，即只可读取该变量的值，而不能修改它的值。必须在声明该变量的同时给其指定确定的常量值，否则就是错误的。例如：

```
const int Number; Number=45;
```

则是错误的。

3）变量的声明、初始化和赋值

在 C 语言中，所有用到的变量，必须先声明、后使用。所谓声明变量是指指定变量的数据类型、名称。变量的初始化是指在声明变量的同时进行赋初值的操作。把变量的声明和初始化合并在一起完成称作变量的定义。

变量声明的一般格式是：

数据类型　变量名 [, 变量名 2…]；

例如：float radius, length, area;

变量初始化的一般格式是：

数据类型　变量名 = 初值；

例如：float radius=2.5, length, area;

表明对 radius 进行了声明和初始化（合二为一称为变量的定义），而对 length 和 area 仅进行了声明。

如下形式是错误的：

```
float  radius=length=2.5;
```

因为在声明（或定义）同一类型的变量时，各变量名之间必须用逗号分隔。

变量的赋值是用赋值运算符给变量赋予一个确定的值，也可以是一个能计算出确定值的表达式。它与变量的初始化是有差别的。

例如：

```
int a,b,c,d;    //这是声明变量
a=2;            //赋值
b=c=3;          //赋值
```

而下面的赋值则是错误的：

```
c=a+d+10;
```

因为在此之前，变量 d 没有被赋值，也就没有确定的值，当然不能使用它去计算。即无确定值的量，不能出现在赋值号的右侧。

4）运算符

C 语言提供了十分丰富的运算符，有些运算符对于运算对象有特殊要求：

（1）%（模运算，即整除取余数）。要求两个操作数均为整型数据。

例如：

```
float x;
int y;
y=x%y;
```

在上述程序段中，x 为浮点型数据，它不能作为%的操作数；而且变量 x、y 此前均没有赋过值，更不能参与运算。

（2）自增（++）、自减（--）运算符。自增自减是单目运算符。自增运算使单个变量的值增 1，自减运算使单个变量的值减 1。

运算符++（--）在变量名前，是先使变量的值增（减）1，然后再以变化后的值参与其他运算，即先增减、后运算。

运算符++（--）在变量名后，是让变量先参与其他运算，然后再使自身的值增（减）1，即先运算、后增减。

例如：

```
int x, y;
x=6;   x++;      // x 的值是 7
x=6;   ++x;      // x 的值是 7
x=6;   y=++x;    // y 的值是 7，x 的值也是 7，即 x 先自增、再将新值赋给 y
x=6;   y=x--;    // y 的值是 6，x 的值是 5，即 x 先赋值给 y、再 x 自减
```

因此，自增（++）、自减（--）运算单独作为一条语句使用时，其功效是一样的，只是与其他运算进行了组合后，才会体现出差异性。

注意：自增、自减运算符不能用于常量和表达式。例如：5++、--(a+b)等都是非法的。

5）简单的输入输出

使用 scanf("%d",&x);输入一个整数给整型变量 x。

使用 scanf("%f",&f);输入一个值给单精度浮点型变量 f。

使用 scanf("%lf",&df);输入一个值给双精度浮点型变量 df。这一个与前者容易混淆而出错。即通过键盘要输入一个值给双精度浮点型变量时必须使用格式控制符"%lf"。

使用 scanf("%c",&c);输入一个字符给字符型变量 c，输入的一个字符可能是字母字符，也可能是数字字符、空格字符、【Enter】键字符等，变量 c 中存储的是其对应的 ASCII 码——介于 0～127 间的一个整数。

使用 printf("%d",x);以整数的形式输出变量 x 的值，x 可以是任意简单类型的变量。只有在 x 就是整型变量的情况下，输出的结果才是"原始"的值；否则，输出结果可能是"乱码"。

使用 printf("%f",f);以浮点数的形式输出变量 f 的值，f 可以是任意简单类型的变量。只有在 f 就是浮点型变量的情况下，输出的结果才是"原始"的值；否则，输出结果可能是"乱码"。

使用 printf("%c",c);以字符的形式输出变量 c 的值，c 可以是任意简单类型的变量。只有在 c 就是字符型的情况下，输出的结果才是"原始"的值；否则，输出结果可能是"乱码"。

需要注意到，输出函数中的变量 x、f、c 也可以是表达式，还可以是常量。

所以，使用输出函数时，强烈建议输出控制符及其个数与输出量的类型和个数一致。

3．实验内容

（1）计算以下各表达式的值，上机验证手工计算的结果是否正确。

① 25/3%3。

② 3.5+1/2+56%10。

③ 若有定义：int b=7;float a=2.5,c=4.7;　计算 a+(int)(b/3*(int)(a+c)/2)%4 的值。

④ 若有：int x,y,z; 执行语句：x=(y=(z=10)+5)−5;后，x、y、z 的值分别是多少？

⑤ x、a 均是整型变量，执行 x=(a=4,6*2)后，x 的值是多少？执行 x=a=4,6*2 后，x 的值是多少？

（2）阅读以下程序，写出输出结果，再上机验证，想一想为什么。

```c
#include<stdio.h>
#include<stdlib.h>
int  main(){
    printf("%c,%c\n",'a', 'A');
    printf("(%d,%d\n",'a', 'A');
    printf("(%d,%c\n", 'a'-'A', 'A'+32 );
    printf("ASCII:%d \n",'0');
    printf("ASCII:%d \n",2+'0');
    system("pause");//暂停
    return  0;
}
```

（3）分析以下程序，先写出输出结果，再上机验证。

```c
//程序一
#include<stdio.h>
#include<stdlib.h>
int main(){
    int i, j, m, n;
    i=8; j=10;
    m=++i; n=j--;
    printf("%d,%d",m,n);
    printf("%d,%d\n",i,j);
    system("pause");
    return  0;
}
//程序二
#include<stdio.h>
int  main(){
    int i, j;
    i=5; j=10;
    printf("%d,%d\n",i++,--j);
    system("pause");
    return  0;
}
```

```
//程序三
#include<stdio.h>
int  main(){
    int  i,j,m=1,n=2;
    i=5;  j=10;
    m+=i++;  n-=--j;
    printf("%d,%d,%d,%d\n",i,j,m,n);
    system("pause");   // 有的 IDE 中该行语句可删除
    return  0;
}
```

（4）依据华氏温度与摄氏温度间的关系式 c=5(f–32)/9，请输入华氏温度 f，输出摄氏温度 c，结果保留 3 位小数。

（5）输入一个 5 位的正整数，分离其各位上的数字，求这些数字的和、乘积，求该数的逆置数，求该数精确到 10 位的结果。

实验 3　输入、输出函数

1．实验目的

（1）熟练掌握 scanf()、printf()、getchar()、putchar()函数的简单使用。

（2）逐步掌握 scanf()、printf()函数的复杂用法。

（3）理解和掌握 fflush(stdin)与 scanf()的配合使用。

（4）理解常用转义字符的表示和输出。

2．实验指导

1）scanf()实现简单输入

这里所说的简单输入是指 scanf()函数参数中，格式控制符的个数和类型、变量的个数与在控制台实际输入值的个数、类型完全一致的情况；不存在格式控制符、变量的个数和类型三者不匹配的情况。

scanf()函数的调用格式为：scanf("<格式控制字符串>", <地址表>);

地址表是需要读入的所有变量的地址，而不是变量本身。在使用该函数输入数据时，常见的错误主要有以下几种：

（1）地址列表中，变量名前忘记加取地址符号&。

如：　　scanf("%d%d",a,b);　　　　　//此语句有错

应改为：scanf("%d%d",&a,&b);

（2）格式控制符与变量的类型不一致。

如：　　float a,b;

　　　　scanf("%d%d",&a,&b);　　　　//此语句有错

应改为：scanf("%f%f",&a,&b);

又如：　double d1,d2;

```
        scanf("%f%f",&d1,&d2);  //此语句有错
```
应改为：scanf("%lf%lf",&d1,&d2);

（3）格式控制符与变量的个数不一致。

如：　　scanf("%d%d",&a,&b,&c);　//错误。格式控制符是 2 个，而变量地址是 3 个

2）scanf()实现复杂输入

这里所说的复杂输入是指在控制台实际输入值的个数、类型与 scanf()函数中要求的不一致时的情况。具体内容参见主教材。

强烈建议：在使用 scanf()函数时，格式控制字符串中除了格式控制符之外，不要加入任何其他符号。

3）fflush(stdin)

scanf()与 fflush(stdin)配合使用可有效避免一些错误。具体使用参见主教材。

4）printf()实现简单输出

printf()函数常使用如下两种格式：

一是 printf("字符串常量")；

如：printf("Welcome to c world!\n")；

二是 printf("<格式化字符串>",输出量列表)；

其中的输出量列表可由变量、常量、表达式等组成。

如：int i=-1; float f=2;char c='B';

　　printf("%d,%f,%c\n",i,i+f,c-1);

3 个输出值之间使用逗号进行了分隔，使得输出结果没有混杂在一起，看起来非常清晰。

5）printf()实现复杂输出

这里所说的复杂输出是指对输出的数据进行对齐方式、宽度的设置。

例如：

```
printf("%5d,%3d,\n",1,87654);
printf("%-5d,%3d,\n",1,87654);
printf("%-5c,%5c,\n",'a','A');
printf("%-10.3f,%10.6f,\n",1.4147,3.14);
printf("%-.3f,%.6f,\n",141.47,3.14);
```

格式控制符前的整数表示输出量的总宽度，当这个总宽度小于输出量自身的位数时将被忽略；正数表示输出量右对齐、负数表示左对齐，且默认是使用空格进行不足宽度的填充；对于控制符前是实数的情况：整数部分表示输出量的总宽度，包括负号和小数点，小数点后的数字表示实数输出时保留的小数位数（小数位的精度）。

6）%E(或%e)的使用

使用科学计数法进行浮点数的输入、输出，必须使用格式控制符%E 或%e。

例如：

```
float  x=314.886;
printf("%e\n",x);
scanf("%E",&x);        //输入 9.8e-3
```

```
printf("%e\n",x);
```

7）getchar()函数

它是字符输入的专用函数，功能是输入一个字符。具体地说是等待输入直到按下【Enter】键才结束，【Enter】键前的所有输入字符都会逐个显示在屏幕上（称为输入并回显），但只有第一个字符作为本次的有效输入值。

该函数的一般使用方式形如：

```
char ch=getchar();
int  i=getchar();
getchar();
```

8）putchar()函数

它是输出字符的专用函数。

其语法格式是：

```
putchar(表达式);
```

意思是输出表达式所代表的一个字符到显示器。

例如：

```
putchar('A');
putchar('A'+32);
putchar(97);
```

putchar(表达式)函数的作用等同于 printf("%c", 表达式);

3．实验内容

（1）对以下程序先手工分析结果，然后上机验证。

```
#include<stdio.h>
#include<stdlib.h>
int  main(){
    int a=1,b=2,c=3;
    printf("input a,b,c: ");  //双引号中的字符串常量起提示作用
    scanf("%d%d%d",&a,&b,&c);
    printf("a=%d,b=%d,c=%d\n",a,b,c);
    system("pause");
    return  0;
}
```

由于 scanf()函数本身不能显示提示信息，所以，本例中先用 printf()函数在屏幕上输出提示信息——请输入 a、b、c 的值；执行 scanf()语句时，程序将暂时中断，等待用户输入；若用户输入 7 8 9 后按下【Enter】键；此时，程序将接收输入量并继续向下执行，即执行输出语句，接着显示出"请按任意键继续…"的提示信息（这是 system("pause");的作用），且程序暂停；按下任意键后，程序继续向下执行，执行完 return 语句之后，自动关闭结果窗口并返回 IDE 的编辑窗口。

在通过键盘输入多个整数、实数时，这些数据之间必须使用一个或多个空格或【Enter】键作为每两个输入值之间的分隔。例如：

若输入： 7□8□□□9✓

或者输入：

7□8↙

9↙

（2）先阅读下列程序，写出输出语句的执行结果，再将程序录入到 IDE 中并运行，观察计算机运行的结果与手工计算的结果是否相同。

```c
//程序一
#include<stdio.h>
#include<stdlib.h>
int  main()
{
    int  i=1,j=2;
    char c1='a',c2='b';
    printf("i=%d,j=%d\n",i,j);
    printf("c1=%c, %d\n",c1,c1);
    printf("c2=%c, %d\n",c2,c2);
    printf("please input i,j,c1,c2:");
    scanf("%d%d%c%c ",&i,&j,&c1,&c2);
    printf("i=%d,\n",i);
    printf("j=%d,\n",j);
    printf("c1=%c, %d\n",c1,c1);
    printf("c2=%c, %d\n",c2,c2);
    return  0;
}
```

针对上面的程序，分别输入如下：

① 5□6□efg↙

② 5□6efg↙

③ 5□3.8efg↙

④ 5□6□↙

　E↙

　F↙

```c
//程序二
#include<stdio.h>
#include<stdlib.h>
int  main()
{
    int  i,j;
    char c1,c2;
    float  f;
    printf("please input i,j:");
    scanf("%d%d ",&i,&j);  fflush(stdin);
    printf("please input c1,c2:");
    scanf("%c%c ",&c1,&c2);   fflush(stdin);
    printf("please input f:");
```

```
    scanf("%f",&f);    fflush(stdin);
    printf("\n-------------\ni=%d,\n",i);
    printf("i=%d,\n",i);
    printf("c1=%c,\n",c1);
    printf("c2=%c,\n",c2);
    printf("f=%f,\n",f);
    return  0;
}
```

针对上面的程序若输入如下：

1□□2□□3□□4✓

ABCD✓   //或者此行输入的是 A✓ 或者 A□B✓

9.8□□2.5✓


```
//程序三
#include<stdio.h>
#include<stdlib.h>
int  main()
{
    int  i=65,j=66;
    char c1='a',c2='b' ;
    printf("i=%d,j=%d\n",i,j);
    printf("i=%c,j=%c\n",i,j);
    printf("---------------\n");
    printf("c1=%c,c2=%c\n",c1,c2);
    printf("c1=%d,c2=%d\n",c1,c2);
    printf("---------------\n");
    printf("%d \n",'a'-'A');
    printf("%c,\n",'E'+'a'-'A');
    putchar(i);    putchar(c1);
    return  0;
}
//程序四
#include<stdio.h>
#include<stdlib.h>
int  main()
{
    unsigned  char  c=150;
    int  i=280;
    printf("%c,%d\n",c,c);
    printf("------------------------\n");
    printf("%d,%c\n",i,i);
    printf("------------------------\n");
    printf("%f\n",i); //
    return  0;
}
```

实验 4　选 择 结 构

1．实验目的

（1）熟练掌握 if...else 语句的执行过程。

（2）掌握 else 与 if 的匹配。

（3）逐步掌握 if、else 嵌套的执行过程。

（4）熟练掌握 switch...case 语句的执行过程。

（5）熟练掌握复合语句的定义、程序代码的缩进。

2．实验指导

1）if...else 语句

if...else 语句的一般格式是：

```
if(表达式){
    子句 1;
}
else{
    子句 2;
}
```

对 if(表达式)中表达式的理解，需注意以下几点：

（1）括号中的表达式可以是任意表达式，但大多是关系表达式、逻辑表达式。根据表达式的计算结果来确定是执行子句 1、还是执行子句 2。表达式的值非零或者为真，则执行子句 1；否则，执行子句 2，即二选一、非此即彼。

（2）表达式书写时要严格区分"=="与"="的显著差别。

例如：

```
if(a=5)  printf("\n");与 if(a==5) printf("\n");
```

表达式 a=5 是赋值表达式，该表达式的值始终为 5（即非 0），则条件判断失去了真正的价值。

（3）对表达式简略写法的理解。

例如：

if(x)等价于 if（x !=0）。

if(!x)等价于 if（!x !=0），即是 if(x==0)。

（4）if 后的表达式必须用圆括号括起来，绝对不能漏写。

（5）else 中隐含的条件与 if 中的条件是互斥的。

2）复合语句

用一对大括号括起来的几条语句称为复合语句。它们是一个整体，要么都执行，要么都不执行。例如：

```
if(x>5)
{
```

```
        y=x++;
        z=++y+x;
    }
    else
    {
        y=x--;
        z=--y-x;
    }
```

对于上面的这个例子，若将 if 子句中的一对大括号去掉，则存在语法错误（也就是说 if 的子句要么是一条简单语句，要么是一条复合语句，否则就是错误的）；若将 else 子句中的一对大括号去掉，虽不存在语法错误，但语义就完全不同了。

3）程序代码的缩进格式

程序代码按缩进格式书写，使得程序错落有致、层次清晰，能显著提高程序的易读性。简单地说：缩进就是为了清晰地显现出语句之间的层次关系、包含关系。

4）switch…case 语句

switch…case 语句的一般格式是：

```
switch(表达式)
{
    case 常量1: 语句1;
    case 常量2: 语句2;
    …
    case 常量n:  语句n;
    default:语句n+1;
}
```

在使用 switch 语句时，必须注意如下几点：

（1）表达式的结果必须是整型、字符型或枚举型数据。

（2）case 后的常量必须是整型、字符型、枚举型常量，或者常量表达式。

（3）case 后的各常量不能重复，但一般没有先后次序之分。

（4）default 语句不是必需的，它不一定放在最后。

（5）深刻理解 switch…case 语句中 break 的作用。

（6）使用 switch…case 语句的关键是如何将连续问题使用表达式进行离散化、枚举化，或者说使用 switch…case 语句有其局限性；能用 switch…case 语句解答的问题肯定能用 if…else 解决，反之，则不一定恰当。

5）程序举例

下面这个多段函数

$$y = \begin{cases} x+2 & x < -3 \\ 3x/5-4 & -3 \leqslant x \leqslant 3 \\ 5/x-x/5 & x > 3 \end{cases}$$

可使用多种形式的 if 语句来解答：

（1）使用三个单分支 if 语句解答。

```
#include<stdio.h>
#include<stdlib.h>
int  main()
{
    float  x,y;
    printf("please input x=\n");  scanf("%f,&x");
    if(x<-3)    y=x+2;
    if(-3<=x&&x<=3)    y=3*x/5-4;
    if(x>3) y=5/x-x/5;
    printf("y=%f\n",y);
    return  0;
}
```

（2）使用两个单分支 if 语句解答。

```
//将（1）中粗体部分替换成如下语句：
    y=x+2;
    if(-3<=x&&x<=3)    y=3*x/5-4;
    if(x>3) y=5/x-x/5;
```

（3）使用 if 的嵌套解答。

```
//将（1）中粗体部分替换成如下语句：
    if(x<=3){
        if(x<-3) y=x+2;
        else    y=3*x/5-4;
    }
    elsey=5/x-x/5;
```

（4）使用 else 的嵌套解答。

```
//将（1）中粗体部分替换成如下语句：
    if(x<=-3)    y=x+2;
    else{
        if(x<=3)y=3*x/5-4;
        else    y=5/x-x/5;
    }
```

比较上述 4 种方式解答同一问题的差异性。

思考：将上面的第二种实现方式改成如下代码，程序编译有错吗？能解决问题吗？

```
y=x+2;
if(-3<=x&&x<=3)    y=3*x/5-4;
else y=5/x-x/5;
```

3．实验内容

（1）程序改错。以下源程序都存在一些错误，请指出错误并改正。

① 输入两个实数，按从小到大的顺序输出。

```
#include<stdio.h>
int  mein(){
    float a,b,t;
    scanf("%f,%f",&a,&b);
    if (a>b) ;
        t=a;a=b;b=t;
```

```
        printf("%5.2f,%5.2f",a,b);
    }
```

② 计算如下函数的值。

$$y = \begin{cases} x & x > 0 \\ 2 & x = 0 \\ 3x & x < 0 \end{cases}$$

```
main(){
    int   x,y;
    printf("Enter x:");
    scanf("%d", x);
    if x>0              y=x;
    else ; if(x=0)      y=2;
    else ;              y=3*x;
    printf("x=%f,y=%f\n",x,y);
}
```

（2）计算下面这个四段函数的值。

$$\begin{cases} y = |x|, & z = x + \ln y & x < -10 \\ y = 2x - 1, & z = x + y & -10 \leq x \leq 10 \\ y = \log_2 x, & z = x^y & 10 \leq x < 25 \\ y = x/10, & z = (\log_{10} x) + y - 3x/7 & x \geq 25 \end{cases}$$

（3）某商品原有价格为 p，现根据出厂月份 m 进行降价促销，折扣率如下：

$$\begin{cases} m < 0 & \text{折扣为} 38\% \\ 3 \leq m < 6 & \text{折扣为} 28\% \\ 6 \leq m < 9 & \text{折扣为} 20\% \\ 9 \leq m < 12 & \text{折扣为} 18\% \\ m = 12 & \text{折扣为} 8\% \end{cases}$$

根据输入的出厂月份和原价，计算商品打折后的价格。

（4）2018 年元旦是星期一。输入该年的任意月日，输出它是星期几。

实验 5 循 环 结 构

1. 实验目的

（1）深刻理解 while、do...while 和 for 循环的执行流程。

（2）掌握循环条件的设定和循环次数的控制。

（3）掌握 break、continue 的含义，以及对循环的影响。

（4）熟练掌握复合语句、程序代码的缩进格式。

（5）逐步掌握循环嵌套的执行过程，尤其是二重循环。

（6）逐步掌握用循环解答的常用算法（如穷举、迭代、递推等）。

2．实验指导

循环结构是 C 语言程序设计的一个重点、难点。若没有很好地掌握它，后续章节的学习将举步维艰。

在学习循环结构时，将选取大量的数学问题来进行讲授、练习。读者必须牢记一些基本规律，如：求和，和的初值一般赋值为 0；求乘积，积的初值一般为 1。

对于简单的循环结构程序（算法），我们应该能熟练地、正确地背诵。这才是学习的态度，因为熟能生巧。

必须熟练掌握使用手工的方式执行循环、总结、验证循环的功能，这是一项基本技能。在手工执行循环体的过程中，必须写下循环变量、中间变量值的变化情况；一般只需将循环体认真执行 3～5 次就可以理清循环的执行过程、总结出循环体的规律、功能。当然，你需要具备一定的分析能力、概括能力。

1）while 循环

while 循环常称为"当型"循环。

while 循环的一般格式是：

```
while(表达式){
    循环体;
}
```

其中的表达式，可以是任意类型的表达式，常见的有常量、算术表达式、关系表达式、逻辑表达式等。

对 while(表达式)的理解：

（1）while(1)、while(5)　或者　while(x =-8)　这都是永真循环，因为非零即真。

（2）while(x) 等价于　while(x!=0)；while(! x) 则等价于 while(! x!=0)，即 while(x == 0)。

（3）若写成　while(表达式); 则循环体为空。

2）do...while 循环

do...while 循环常称为"直到型"循环。

do...while 循环的一般格式是：

```
do{
    循环体;
}while(表达式);
```

深刻理解 while 循环与 do...while 循环的异同。因为使用 while 循环时，循环体可能一次都不会执行；而使用 do...while 实现的循环，循环体至少会执行一次。

要求能实现 while、do...while 的等价转换。

3）for 循环

for 循环的一般格式是：

```
for(表达式 1; 表达式 2; 表达式 3)
    循环体;
```

在使用 for 循环时，需注意以下几点：

（1）对于 for 循环，通常可将 3 个表达式看作以下形式：

```
for(<初始化>；<条件表达式>；<增量>)
    循环体;
```

其中，"初始化"一般是一条赋值语句或者逗号表达式，它用来给循环变量赋初值；"条件表达式"通常是一个关系表达式，它是循环的条件；增量定义了循环变量每循环一次后按什么方式变化。

（2）for(表达式1；表达式2；表达式3)中的3个表达式之间必须用";"分隔。

（3）对于for循环，若写成：

```
for(表达式1；表达式2；表达式3);
```

则表示其循环体为空。初学者常在这犯"多加分号"的错误。

（4）由于for循环中3个表达式的执行时机不同、次数不同，因此，可以适当地改变这3个表达式的位置。此时，可能需要添加if、break语句。

while、do...while、for三种循环可以相互转换。

3. 实验内容

（1）以下程序段中的循环是否是死循环？为什么？若c是整型的呢？

```
char  c=97;
while( c!=0 ) {
    printf("%d",c);
    c++;
}
```

（2）以下程序的功能是实现从键盘输入一串字符，分别统计大、小写字母的个数，并输出个数较多者。但程序中存在错误，请改正。

```
#include<stdio.h>
#include<stdlib.h>
int  main (){
    int  up, low ;
    char  c ;
    while (c=getchar()!='\n');
    {   if (c>='A'&&c<='Z')up++;
        if (c>='a'&& c<='z')low++;
    }
    printf("%d \n", up <low?up:low);
    return 0;
}
```

（3）以下程序实现从键盘输入一个整数，求它的逆置数并输出，如输入：1234，输出4321，请填空。

```
#include<stdio.h>
#include<stdlib.h>
int  main(){
    int  number,  right, result=0 ;
    printf("enter number=");
    scanf("%d", &number);
    do
```

```
    {    right=_____①_____;
         result=result*10+right;
         printf("%d", right ) ;
         number=_____②_____;
    }while ( number!=0 );
    printf("\nresult=%d\n",result);
    return  0;
}
```

（4）求 Sn=a+aa+aaa+⋯+aa⋯a 之值，其中 a 是一个非零的一位整数、n 是 a 重复的次数。例如：2+22+222+2222+22222（此时 a=2,n=5）。a，n 从键盘输入。

（5）求序列 1，2，2，3，3，3，4，4，4，4，5⋯中第 100 项的值。

（6）20 元钱买了 20 瓶矿泉水，现 3 个空瓶可以换一瓶水。问 20 元钱最多可以喝多少瓶矿泉水？

（7）一个渔夫严格遵守"三天打鱼两天晒网"的规则。假定 2000 年 1 月 1 日是他打鱼的第一天，输入任意年月日，计算他在干什么。

（8）用二分法求方程 $2x^3-6x^2+3x-6=0$ 在 (-10,10) 之间的根。

4．思考题

（1）仿照挂历的样式，按月份打印一年的月历（包括星期、日期）。

（2）五位运动员将参加 10 m 高台跳水决赛，有好事者让这 5 人预测比赛结果：

A 选手说：B 第二，我第三；

B 选手说：我第二，E 第四；

C 选手说：我第一，D 第二；

D 选手说：C 最后，我第三；

E 选手说：我第四，A 第一。

决赛成绩公布后发现：五人对每位选手的预测都只说对了一半（即一对一错）。请编程求解比赛的实际名次。

实验 6　数　　组

1．实验目的

（1）熟练掌握一维数组、二维数组的声明、定义、赋值和输入、输出。

（2）明晰字符数组与字符串的关系，掌握字符串常用运算的自我实现。

（3）掌握数组应用的常用算法（特别是集合运算、查找、排序算法）。

2．实验指导

1）一维数组

（1）一维数组的声明。

一维数组声明的一般格式是：

类型名　数组名[常量表达式] ;

其中，常量表达式必须是整型字面常量或符号常量组成的表达式，表达式中绝对不能含有变量。表达式的结果必须是正整数。

例如：

```
int n=5;
int a[n];          //错误，因为 n 是变量而不是常量
```

又如：

```
#define N  5
int a[N-1];        //正确，因为 N 是符号常量，N-1 的结果是 4，数组的容量是 4
```

（2）一维数组的初始化。

数组的初始化是指声明数组的同时为其元素赋初值。

如：int a[10]={1,2,3,4,5,6,7,8,9,0};

这是声明数组的同时给元素整体赋值，需要牢记以下几点：

① 各个数组元素的类型应与所声明的类型兼容。

② 第一个数值必然是赋给下标为 0 的元素，第二个数值必然是赋给下标为 1 的元素……依此类推，即不能跳过前面的元素而给后面的元素赋初值。

③ 初值个数少于元素个数时，后面的自动补 0，即字符型、整型的缺省值是 0，实型的缺省值是 0.0，字符串的缺省值是空串。例如：

```
int a[5]={0};        等价于    int a[5]={0,0,0,0,0}
char b[4]={'a'};     等价于    char b[4]={'a','\0','\0','\0'}
                     或者      char b[4]={'a',0,0,0}
```

④ 若初值个数多于数组的容量，则是错误的。

⑤ 可通过初值的个数确定数组的长度（容量）。

例如：   int a[ ]={0,0,0,0,0};   就是 int a[5]={0}; 数组 a 的容量是 5。

（3）一维数组的引用。

一维数组引用的一般格式是：

数组名[下标表达式]

一维数组的引用需注意如下几点：

① 下标表达式的值必须是非负整数，不能是实数。

② 下标表达式的下限为 0。

③ 数组元素不能整体引用。数组名是个地址常量，代表整个数组的首地址。

④ 下标的值超过数组定义的长度，编译系统不会报错，但这样的引用是非法的。

例如：

```
int a[10]={8},i,b;
i=10;
b=a[i];
```

i 的值为 10，已超出了数组 a 下标的上界 9，虽然编译时不会报错，但引用 a[10]是非法的。

⑤ 除字符串外，数组元素是不能整体输入、输出的。

2）字符串与字符数组

字符串：存放在字符数组中，末尾以'\0'结束。'\0'字符是字符串结束的标志。

字符数组：数组中所有元素都是字符型的。若其中含有'\0'字符，则部分字符可构成字符串。

字符数组是字符型的一维数组。因此，字符数组的应用必须遵守一维数组的一般规则。

字符串是字符数组的特殊形式。所以，字符串有一些特殊的规则。例如：字符串可以整体输入、输出。

对字符串进行操作时，必须牢牢抓住其特点——最后一个字符是不可见的'\0'字符，它的 ASCII 码是 0。

3．实验内容

（1）以下程序段将输出 computer，请填空。

```
int i;
char str[]= "it\'s a computer.";
int  end=strlen(str);   //end=_____①_____    //填一个整数
for(i=_____②_____ ; i<end ; i++)
    printf("%c",str[i]);
printf("%s",_____③_____);                //输出字符串
```

（2）求一个整型数组中相邻两项之差的绝对值最大的那两个数。

（3）实现两个字符串的连接。（不使用 strcat 库函数）

（4）输入一个字符串，按字母字符、数字字符、其他字符进行归类，构成 3 个字符串（分别使用一维数组、二维数组实现）。

（5）输出如图形式的绕圈矩阵。

11	19	20	24	25
10	12	18	21	23
4	9	13	17	22
3	5	8	14	16
1	2	6	7	15

4．思考题

（1）用子串 u 替换主串 s 中所有的子串 v。

（2）使用一维数组存储并计算一个大数的阶乘（因为阶乘增长很快，会发生溢出，所以不能使用一个整型变量直接存储积）。

（3）某项竞赛使用如下评分规则：10 个评委给一名选手打分（打分可使用随机函数），统计时，去掉一个最高分和一个最低分，余下 8 个分数的平均值就是该选手的最后得分。现有 10 名选手参加竞赛，请编程计算各选手的最后得分，并排出名次。

实验 7　指　　针

1．实验目的

（1）掌握指针的概念、定义和简单运算。

（2）掌握数组与指针的关系及指针的应用。

（3）逐步掌握指针数组、字符串数组。

（4）了解二级指针的概念及其使用方法。

（5）了解指向数组的指针；

（6）掌握 malloc()函数的使用。

2．实验指导

1）指针变量的声明

指针变量声明的一般格式是：

基类型 *指针变量名；

2）指针运算

指针变量加减一个整型量：如 p 为一个指针变量，则 p+i 表示的地址是 p+i*sizeof(type)，即这里的 i 是有单位的，等于 sizeof(type)。

指针变量赋值，若有 int a, array[10]; int *p,*p1; ，则：

```
p=&a              //将变量 a 的地址赋给 p
p=array           //将数组 array 的首地址赋给 p
p=&array[i]       //将数组 array 的第 i 个元素的地址赋给 p
p1=p              //p、p1 都是指针变量，将 p 的值赋给 p1，则 p1、p 指向同一地址处
```

指针变量可以定义为一个空值，即不指向任何变量，如：p=NULL 或者 p=0。

对于指针的赋值运算，赋值号两边各量的基类型应该是相同的，否则必须使用强制类型转换。

可以声明空类型的指针，如以下程序段：

```
void *pv=0;                  //pv 是空类型的指针，且值为空
int x=8,*qi;
pv=&x;                       //pv 可指向任意类型的指针（地址）
qi=(int*)pv;
pv=qi;                       //空类型的指针可指向任意类型的指针
printf("%d",*qi);
printf("%d",*( (int*)pv ) ); //空类型指针向整型指针强制转换
```

对于指针间的赋值，可以这样理解：从右向左看成是赋值（把一个地址值赋给一个指针变量），从左向右看成是指向（一个指针指向某地址处）。后一种理解似乎更形象。

两个指针变量相减：若 p1,p2 是指向同一数组的两元素，则 p2-p1 表示两个指针之间间隔的元素个数。

两个指针变量的比较：表示地址之间的比较，且要求两个指针变量的基类型相同，否则无实际意义。

3）复杂的指针

（1）指针数组。形如：type *p[n];

p 是一个数组，数组中的每个元素都是指针型的，且都是 type 型指针。

例如：

```
int a[3][4]={1,2,3,4,5,6,7,8,9,10,11,12}; int *p[3]={a[0],a[1],a[2]};
```

　　这里的 p 就是一个指针数组，它的三个元素都是指针型的，p[i]就是二维数组的第 i 行的首地址。

　　又如：

```
char *pstr[3]= {"123","abcd","45678"};    //针对字符串数组
```

则 pstr[i]指向第 i 个字符串。

　　（2）数组指针。形如：int (*p)[n];

　　p 为指向含 n 个元素的一维数组的指针变量；它只能指向一个列数是 n 的二维数组。

　　例如：

```
int a[3][4]={1,2,3,4,  5,6,7,8,  9,10,11,12};
int b[3][3]={1,2,3,  4,5,6,  7,8,9};
int (*p)[4];   int i,j;
p=a;
for(i=0;i<3;i++)   for(j=0;j<4;j++)   printf("%d,",p[i][j]);
```

以上语句都是正确的。

　　而 p=b;则是错误的。因为两者的列数不相等。

　　（3）二级指针。形如：int **p;

　　p 是一个指针的指针。

```
int a[3][4];
p=a;
```

是错误的。因为两者的类型并不相同。

　　再如：

```
char *day1[]={"Monday","Tuesday","Wednesday","Thursday","Friday", "Saturday",
"Sunday"};
char
day2[][10]={"Monday","Tuesday","Wednesday","Thursday","Friday","Saturday",
"Sunday"};
char **p;
```

　　p=day1;是正确的。

　　而 p=day2;是错误的。

　　（4）二维数组名。如 int a[3][5])是指向行的，因此 a+1 中的"1"代表一行中全部元素所占的字节数；而一维数组名（如 a[0],a[1]）是指向列元素的，a[0]+1 中的"1"代表一个元素所占的字节数。

3．实验内容

　　（1）阅读代码、写输出结果。

```
int  A[7]={ 0,1,2,3,4 };
int  *pa=A;
printf("%d",*pa); printf("%d",pa[2]); printf("%d",*(A+2));
pa=&A[2];
printf("\n%d\n",pa[2]); printf("%d\n",*++pa);
printf("%d",*++A);
for(pa=&A[1];pa<A+8;pa++) printf("%d",*pa);
```

（2）使用指针交换两个变量的值。

（3）使用指针变量分别指向一个数组的首、尾，实现该数组元素的逆置。

（4）使用数组、指针分别实现比较两个字符串的大小。

（5）使用数组、指针分别实现两个集合的并交差运算。

4．思考题

体育彩票由 7 位数字组成，第 7 位数字是特别号码，只有在前面 6 位数都正确的时候才比较第 7 位数。现在体彩中心给出了一个特等奖号码是 1234567，现要求随机输入一组号码，判断中了几等奖。如果 7 位数字都相同就是特等奖；前 6 位相同为一等奖，任意连续 5 位相同为二等奖，任意连续 4 位相同为三等奖，任意连续 3 位相同为四等奖，任意连续 2 位相同为五等奖。（注意：除特等奖外都不考虑第 7 位。）

以下有两种兑奖方式，分别各写出一个程序：

（1）按位兑奖：第一位只能和第一位对应，第二位和第二位对应……第 n 位只和第 n 位对应。比如说给出的号码是：2312345 就没有中奖（因为按位比较没有数字相同）。

（2）不按位兑奖：不管是多少位，只要有连续几位相同都可以。比如说给出的号码是：2312345 就中了三等奖（因为 1234 和前面相同。注意，这里的第 7 位是 5，虽然也相同但是不能算，因为它是特等奖的标识）。

实验 8 函   数

1．实验目的

（1）掌握函数声明、定义的多种方法。

（2）掌握函数调用的基本过程，理解实参与形参的关系。

（3）逐步掌握函数的递归调用过程。

（4）掌握全局变量、局部变量、动态变量、静态变量的特性和使用方法。

（5）了解函数的指针和函数指针。

2．实验指导

1）函数的声明

（1）自定义函数声明的位置，决定了它能被调用的范围。

（2）函数声明时使用的参数是形式参数，给出形式参数的名称没有实际意义，关键在于参数的类型和参数的个数。

（3）在 C 语言中，函数是通过函数名来区分的，跟函数的返回值类型、参数的名称没有关系。

2）参数传递的方向

不管函数的参数是什么类型，实参向形参传递值总是单向的，（即使传递的是地址）。传址时实参、形参的地址值是不会发生改变的，但通过地址可以改变对应存储单元中的数据。

3）return 最多只能返回一个值

任意函数之中，通过 return 最多只能返回一个值；要想得到多个新值，只能通过函数的参数，且相关参数在函数声明时必须指定为指针型。

4）变量的作用域

局部变量和全局变量：在一个函数内部定义的变量叫局部变量，其只在本函数内部有效；在语句块内定义的变量也是局部变量，其生存期只限于该语句块；在所有函数之外定义的变量叫全局变量，有效范围是从定义该变量的位置到本文件结束。

5）变量的存储类型

（1）auto 变量：函数中的无特殊标识的局部变量、动态分配存储空间的变量都属于 auto 型变量，auto 关键字常省略。

（2）static 变量：在所属程序未结束执行时，其占驻的存储空间将一直保留，再次执行它所在的语句块或函数时，其值会被激活。

（3）register 变量：将变量放在寄存器中，以提高程序效率，但只有局部自动变量和形式参数可以作为寄存器变量。随着计算机内存的不断增大、内存速度的提升，该类型的变量较少使用了。

（4）extern 变量：一般用于多文件共享该变量。一个函数在一个外部变量定义之前要引用它，则必须加上 extern 来声明；同时在多文件中用到同一个全局变量时也须在一个文件中定义，而在其他文件中用 extern 进行声明。

6）使用自定义函数常犯的错误

（1）函数在被调用前未声明。

例如：

```
int  main(){
    float x,y,z;   x = 3.5;  y=7.6;
    z=fMax(x,y);              //在此之前并未对函数 fMax()进行声明或定义
    getchar();
    printf("%d",z);
    system("pause");
    return 0;
}
float fMax(float x, float y){
    return(z=x>y? x: y);
}
```

这个程序初看起来没有什么问题，但在编译时出现错误。原因是 fMax()函数在 main()函数之后才声明、定义，也就是 fMax()函数的定义位置在其被调用之后。

可以通过下述两种方法进行修正：

① 在 main()函数中增加一个对 fMax()函数的声明（即指定函数的原型），fMax()函数的声明务必出现在被调用语句之前。

② 将 fMax()函数的声明（或者声明加实现，即定义）放到所有函数之前。

（2）误认为形参值的改变会影响实参的值。

例如：

```
void  fSwap(int x,int y){
    int t;
```

```
    t = x;   x = y;   y = t;
}
int  main(){
    int a,b;
    a = 3;  b = 4;
    fSwap(a,b);
    printf("%d,%d\n",a,b);
    system("pause");
    return 0;
}
```

本来希望通过调用 fSwap()函数达到交换变量 a、b 值的目的。然而，在 fSwap( )内仅交换了 fSwap()中 a、b 的值，但 main()函数中的 a 和 b 的值并未改变。原因在于：两组变量分属不同的函数，具有不同的存储空间、不同的生存期，两组变量除了值的单向传递外没有任何关系。因此，形参值的改变不会影响到实参值。

若进行如下函数定义：

```
void  fSwap(int *x,int *y){
    int t;
    t = *x; *x=*y;  *y = t;
}
```

再使用如下函数调用：fSwap(&a, &b);

同样的，x、y 与 a、b 本身仍然是两套不同的变量，经过参数传递（地址的传递）之后，使得 x 指针指向的是 a 的存储地址、y 指针指向的是 b 的存储地址，经过 3 条赋值语句之后，交换了这两个存储单元中的值，从而交换了 a、b 的值。即操作的是同一组存储单元，因而存储单元中的值发生了变化。但整数 a、b 的存储地址是不会发生变化的。即不论传值还是传址，都是单向的。

（3）函数的实参和形参类型不一致。

例如：

```
float fun(float x, float y)
{
    ...
}
int  main(){
    int a = 3, b=4;
    c=fun(a, b);
    ...
}
```

实参 a、b 为整型，形参 x、y 为实型。a 和 b 的值传递给 x 和 y 时，x 和 y 的值并非 3 和 4，即存在自动类型的转换，又称为赋值兼容。若实参是浮点型的，而形参是整型的，则函数调用是错误的。因为实参的浮点型不能自动转换为形参需要的整型。

（4）声明的函数原型和定义函数时使用的首部不一致。

例如：

```
int fun(int, int);
int  main(){
```

```
    int a=3, b=4;
    float c;
    c=fun(a, b);
    …
}
fun(float x,float y)
{
    …
}
```

在程序编译时，会报函数 fun()类型冲突的错误。因为使用了同一函数名，却指定了不同的形式参数，这在 C 语言中是不允许的。

在声明中可能出现返回类型、形参类型不一致，还可能出现形参的个数不一致。为了避免这些情况，在对函数进行声明后，在书写函数的定义时，最好采取复制粘贴函数首部的方式进行。

使用数组名做形参的，都可以用指针来代替。

学习了本章内容之后，前面所有的习题都可以用自定义函数、函数调用来实现。函数化是程序模块化的具体体现。

3．实验内容

（1）上机调试下面的程序，记录出错信息，并改正程序。

```
main(){
    int x,y;
    printf("%d\n",sum(x+y));
    int sum(a,b);
    {
        int a,b;
        return(a+b);
    }
}
```

（2）已有变量定义和函数调用语句"int a=1,b=-5,c; c=fun(a,b);"，fun()函数的作用是计算两个数差的绝对值。请编写完整的程序。

（3）以下语句哪些是正确的、哪些是错误的？为什么？

① char str[]="12345678"; str[3]= '0';

② char *pStr="123456789";　pStr[3]= '0';

③ char s1[]="abc", s2[5];

④ char *p1,*p2;

⑤ strcpy(s2,s1);

⑥ strcpy(p1,s2);

⑦ strcpy(s1,p1);

（4）使用切线法求方程 $3x^3+4x^2-2x+5=0$ 在 $x=-2$ 附近的近似解。

（5）折半查找，又叫二分查找，是在一个有序数组中，先拿中间位置的元素与被查找元素进行比较，确定它是在前半部分、中间位置、还是后半部分。若不在中间位置，再在小范围内继续查找。该方法是通过缩小查找范围的方式来减少比较次数，从而提高查找效率。请编程实现。

（6）中国古代有这样一个游戏：两个人轮流依次报数，每人每次可报一个或两个连续的数，谁先报到30，谁获胜。若改为人机对弈，人先开始报数，人、机每次报数的个数随机产生。请编程模拟实现这个游戏。若要求总是人获胜，如何实现呢？

（7）使用递归的方式，求一个整型数组中的最小值。

（8）求指定子串在主串中出现的所有位置。

4. 思考题

输出1、2、3这三个数全排列的所有序列。

实验9 复杂数据类型

1. 实验目的

（1）逐步掌握多种方式实现结构体类型及其变量的声明、定义。

（2）掌握对结构体变量、结构体数组的基本操作。

（3）理解结构体指针、链表的概念，了解链表的基本操作。

（4）掌握共用体的概念、定义、使用。

（5）逐步掌握枚举类型的定义及使用。

2. 实验指导

1）结构体类型

结构体类型声明的一般格式如下：

struct 结构体名{成员列表};

结构体变量的声明一般按照先声明结构体类型、后声明变量的次序进行。例如：

struct student stu1,stu2;

也可以将上述两步合二为一，即在声明结构体类型的同时声明变量。形如：

struct 结构体类型名 {成员列表}变量名列表;

上面的合二为一格式，也可以简化为：

struct {成员列表}变量名列表;

即省略类型名。这样的变量声明是一次性的，即不能再增加同类型的变量了。

结构体变量的引用形如：

结构体变量名.成员名。

例如：stu1.num=50;

初学者易犯的错误有下面几种：

（1）混淆结构体类型与结构体变量的区别。

例如：

```
struct  Worker{
    long int num;
```

```
    char  name[20];
    char sex;
    int age;
};
Worker.num = 187045;
strcpy(Worker.name,"dengwb");
Worker.Sex = 'M';
Worker.Age = 18;
```

这是错误的，因为只能对变量赋值而不能对类型赋值。上面只定义了 struct Worker 类型而未定义变量。

（2）结构体变量定义完成后，忽略了最后的分号。

例如：

```
struct student{
    int num;
    char sex;
    int  age;
}
```

这里，"}" 后的分号掉了。

（3）把结构体变量作为一个整体进行输入输出。

例如：

```
printf("%d,%c,%d\n",student);
```

因为 C 语言中根本没有提供针对结构体数据进行整体输入输出的格式控制符，所以只能对结构体变量的分量进行输入输出，而不能对其整体进行输入输出。

C 语言允许两个同类型的结构体变量之间相互赋值。如："stu2=stu1;"，这个赋值语句执行时，实质上是将 stu1 变量中各个成员逐个依次赋给 stu2 中相应的各个成员。

2）类型重定义

类型的重定义是指把一种类型用另一个标识符来代替，是给它取一个"别名"。在结构体、结构体指针类型的定义中经常使用类型的重定义，能起到简化的作用。

例如，先定义 struct Worker：

```
struct  Worker{
    long int num;
    char  name[20];
    char sex;
    int age;
};
```

再定义：

```
typedef  struct  Worker  WorkerType;
```

也可以将上面的两步合二为一。即是：

```
typedef  struct  Worker{
    long int num;
    char  name[20];
    char sex;
```

```
    int age;
}WorkerType;
```

这样，可以使用 WorkerType 替代 struct Worker，且使用 WorkerType 与使用 struct Worker 是等价的。但是，这样写：

```
typedef  struct  {
    long int num;
    char  name[20];
    char sex;
    int age;
}WorkerType;
```

在关键字 struct 后，由于没有出现 Worker 类型名标识符，则相当于是将一个"无名结构体"重定义成了 WorkerType，自然就只能使用类型名 WorkerType 了。即使后面再定义各分量完全相同的 Worker 类型，也会被认为是不同的两种类型。

3）结构体指针及链表

定义了结构体指针类型，通过结构体指针变量访问其成员时，有两种方法。

例如：struct student *p;，则有：

（1）(*p).成员名，因为.的优先级比*高，所以必须加括号。

（2）p->成员名，这种方式使用最普遍。

4）动态存储

动态存储经常使用的函数主要有 3 个：malloc()、calloc()、free()，对其说明如表 2.1 所示。

表 2.1　动态存储函数

函 数 首 部	说　　　明
void *malloc(unsigned int size)	分配 size 个字节的空间，返回空间的首地址
void *calloc(unsigned n,unsigned size)	分配 n 个 size 长度的空间，返回空间的首地址
void free(void *p)	释放由 p 指向的内存区

其中的 size 应该用 sizeof() 运算符来获取，以确定该类型的一个数据所占存储空间的字节数。

初学者常犯的错误是：一个没有确切值的指针出现在了赋值号的右边。

5）共用体

共用体定义：是将几种不同类型的变量存放到同一段内存空间中，且共享同一存储空间。

共用体类型以及变量声明的语法格式是：union 共用体类型名　{成员列表}变量列表;。

共用体变量的成员引用，一般格式是：共用体变量名.成员名;。

6）程序举例

【例 2.1】给结构体变量赋值并输出其值。

程序源代码：

```c
#include<stdio.h>
#include<stdlib.h>
int main(){
    struct stu{
        int num;
        char *name;
        char sex;
        float score;
    } boy1,boy2;
    boy1.num=102;
    boy1.name="Zhang ping";
    printf("input sex and score\n");
    scanf("%c%f",&boy1.sex,&boy1.score);
    boy2=boy1;
    printf("Number=%d\nName=%s\n",boy2.num,boy2.name);
    printf("Sex=%c\nScore=%f\n",boy2.sex,boy2.score);
    system("pause");
    return 0;
}
```

本程序中用赋值语句给 num 和 name 两个成员赋值，name 是一个字符串指针变量；用 scanf()函数动态地输入 sex 和 score 成员值，然后把 boy1 的所有成员的值整体赋予 boy2；最后分别输出 boy2 的各个成员值。本例演示了结构体变量的赋值、输入和输出的方法。

【例 2.2】计算学生的平均成绩、统计不及格人数。

```c
#include<stdio.h>
#include<stdlib.h>
struct stu{
    int num;
    char *name;
    char sex;
    float score;
}boy[5]={
    {101,"Li ping",'M',45},
    {102,"Zhang ping",'M',62.5},
    {103,"He fang",'F',92.5},
    {104,"Cheng ling",'F',87},
    {105,"Wang ming",'M',58},
};
int main()
{
    int i,c=0;
    float ave,s=0;
    for(i=0;i<5;i++)
    {
        s+=boy[i].score;
        if(boy[i].score<60) c+=1;
```

```
    }
    printf("s=%f\n",s);
    ave=s/5;
    printf("average=%f\ncount=%d\n",ave,c);
    system("pause");
    return 0;
}
```

本程序中定义了一个外部结构体数组 boy，共 5 个元素，并作了初始化赋值。在 main( ) 函数中用 for 语句逐个累加各元素的 score 成员值存于 s 之中；如 score 的值小于 60 则计数器 c 加 1，循环完毕后计算平均成绩，并输出全班总分，平均分及不及格人数。

3．实验内容

（1）程序填空并调试。有 5 名学生，每个学生的数据信息包括学号、姓名和一门课的成绩。要求按学生的成绩由高到低排序，然后输出学生的信息以及平均成绩。

```
#include<stdio.h>
#include<stdlib.h>
struct student{ int num;  char name[20];  int score;  }stu[5];
int main(){
    struct student t;
    int i, j, k, sum=0;
    for(i=0;i<5;i++)
    {   scanf('%d%s%d', &stu[i].num, stu[i].name, &stu[i].score);
        sum=sum+_____①_____;
    }
    for(i=0;i<5;i++){//选择排序
        k=i;
        for(j=i+1;j<5;j++)
            if(_____②_____) k=j;
        if(k!=i) { t=stu[i];  stu[i]=stu[k];  stu[k]=t; }
    }
    for(i=0;i<5;i++)
    printf("%d, %s, %d", _____③_____);
    printf("Average=%f\n", _____④_____);
    return 0;
}
```

（2）编程实现：建立一张 20 名工人的记录表，每名工人的基本信息包括工号、姓名、年龄、性别（性别使用枚举类型描述）及职业特长。

（3）定义结构体类型描述复数(a+bi)，求复数(a+bi)的 n 次方（要求结果按数学习惯进行输出）。

4．思考题

定义一个工人结构体类型（数据类型如上面的第 2 题），使用函数完成下列各题：

（1）使用结构体数组存储多名工人的信息，完成对工人数组的输入输出。

（2）以工人数组为基础，建立一个单链表。

（3）实现单链表数据的输出。

（4）向单链表中插入一名工人。

（5）在单链表中删除指定工号的一名工人。

（6）要求在不增加存储空间的情况下，以年龄递增为序对单链表进行排序。

实验 10　文 件 操 作

1．实验目的

（1）理解文件的概念和分类。

（2）熟练掌握文件操作的步骤。

（3）逐步掌握文件操作函数的含义和用法。

（4）逐步掌握文本文件、二进制文件打开、读写的方法。

2．实验指导

1）文件的概念和分类

文件是相关数据的集合。

按数据的性质可分为文本文件和非文本文件，非文本文件又称为数据文件或二进制文件。

文本文件中所有的数据都是字符，这些字符可以是西文的，也可以是中文的。

2）文件类型指针

要调用一个文件，需要有以下的信息：文件当前的读写位置，文件的内存缓冲区地址，缓冲区中未被处理的字符数，文件操作方式等。缓冲区文件系统为每一个文件开辟了一个"文件信息区"，用来存放以上这些信息。在内存中它是一个结构体变量，类型是 FILE。这样定义文件类型指针 fp：FILE　*fp;。

3）文件操作函数

（1）文件打开（fopen）和文件关闭（fclose）函数。

① 作用。

fopen：用于打开一个文件。

fclose：用于关闭一个已经打开的文件。

② 用法。

fopen(文件名,文件打开方式)：如 fopen("file1", "r");表示以只读方式打开文件 file1。

fclose(文件指针变量)：关闭文件，如 fclose(fp);。

（2）文件的顺序读写函数 fputc()、fgetc()，fgets()、fputs()。

fputc(ch,fp)：是把字符变量 ch 的值输出到指针变量 fp 所指向的文件中。

fputs(str,fp)：是把字符数组 str 中的字符串(或字符指针指向的串，或字符串常量)输出到 fp 所指向的文件，但字符串结束符"\0"不输出。

fgetc(fp)：是从指针变量 fp 所指向的文件中读取一个字符并赋给字符变量 ch。

fgets(str,n,fp)：是从 fp 指向的文件读取 n-1 个字符，并把它放到字符数组 str 中。

（3）fread()和 fwrite()函数。

fread(buffer,size,count,fp)：表示从 fp 所指的文件中读 count 个单位长度为 size 的数据块到 buffer 中。如：fread(&stud[i],sizeof(struct student_type),1,fp);。

fwrite(buffer,size,count,fp)：表示将 buffer 中的数据以 size 为单位长度，输出 count 个数据到 fp 所指的文件中。如 fwrite(&stud[i],sizeof(struct student_type),1,fp);。

（4）fprintf()和 fscanf()函数。

fprintf(文件指针,格式字符串,输出列表),其作用是将输出列表中的数据以格式字符串中所指定的格式输出到文件指针所指向的文件中。如：fprintf(fp,"%d,%3.2f",i,m);。

fscanf(文件指针,格式字符串,输出列表),其作用是将文件指针所指向的文件中的数据以格式字符串中所指定的格式输出到输出列表中。如：fscanf(fp,"%d%f",&i,&t);。

（5）文件的定位与随机读写。

rewind()：其作用是使位置指针重新返回到文件头。如：rewind(fp1);。

fseek(文件类型指针,位移量,起始点)：其中"起始点"用 0、1、2 代替，0 代表"文件头"，1 为"当前位置"，2 为"文件末尾"；"位移量"是以"起始点"为基点移动的字节数。如：fseek(fp,-50L,2)表示将位置指针从文件末尾开始向前移动 50 个字节。

ftell：返回文件指针的当前位置。如：m=ftell(fp1)。

（6）出错检测函数。

ferror()：如果 ferror()返回值为 0，表示未出错，如果返回一个非零值，表示出错。

4）文件操作步骤

文件操作必须正确指定文件的操作模式、必须严格按照操作步骤来实施。

对文本文件可以使用 fscanf()、fprintf()、fgetc()、fputc()、fgets()、fputs()函数进行读写，但建议使用后四个函数。

对零散的二进制数据文件使用 fscanf()、fprintf()函数进行读写。

对结构体数据构成的文件应该使用 fread()、fwrite()函数，以结构体为单位进行读写。

3．实验内容

（1）程序填空。以下程序是显示指定文件，并在行首加上行号。程序中 flag 表示一行上字符的个数是否少于 19 个。

```c
#include<stdio.h>
#include<stdlib.h>
int main()
{
    char s[20],filename[20];
    int flag=1,line=0;
    FILE *fp;
    printf("Input filename:");
    gets(filename);
    if((fp=fopen(filename, "r")) _____①_____)
    {
        printf("Open file failed. ");
        exit(1);
    }
```

```
    while(fgets(s,20,fp)   ___②___   )
    {
        if(flag==1) printf("%-2d: %s",___③___,s);
        else printf("%s",s);
        if(___④___!=NULL)  flag=1; //定位 s 中是否包含\n 字符
        else flag=0;
    }
    fclose(fp);
    return 0;
}
```

（2）先将 A～Z、0～9 这 36 个字符写入文本文件，再以只读方式打开、读取、输出到显示器显示。

（3）建立一张 20 人的职工记录表，其分量包括工号、姓名、年龄、性别及职业特长。要求从键盘输入数据，并将这些数据写入磁盘文件 worker.dat 中。

第3部分 习题参考答案

习 题 1

1. 选择题

题号	（1）	（2）	（3）	（4）	（5）	（6）	（7）	（8）	（9）	（10）	（11）	（12）	（13）	（14）	（15）
答案	C	B	A	B	B	D	A	A	A	C	C	D	A	C	D

解析：

（6）二进制 1.1 可写成 1.1000，其对应的 16 进制是 1.8，即$(1.8)_{16}$。或者这样计算：二进制 1.1，对应的十进制是$1\times2^0+1\times2^{-1}=1.5$。

$(1.8)_{16}$对应的十进制是$1\times16^0+8\times16^{-1}=1+8/16=1+0.5=1.5$。

所以选择 D。

（7）真值为 –100101 的二进制，用 8 位二进制表示的原码是 10100101、反码是 11011010、补码则是 11011011。所以选择 A。

（8）$[x]_{补}=00001101$，$[y]_{原}=1000\ 1011$、$[y]_{反}=1111\ 0100$、$[y]_{补}=11110101$

$[x+y]_{补}=[x]_{补}+[y]_{补}=0000\ 1101+1111\ 0101=1\ 0000\ 0010$

所以选择 A。

（9）十进制数 250 与 5 按位进行与运算就是二进制的 0…011111010 与 0…00101 进行位与运算，就是 0…01111 1010 位与 0000 0101 得到 0000 0000，即 0。所以选择 A。

（10）十进制数 250 与 –5 按位进行与运算就是二进制的 0…011111010 与 1…11111 1011 位与得到 0…01111 1010，即 250。所以选择 C。

（11）十进制数 250 与 5 按位进行或运算就是二进制的 0…011111010 与 0…0101 进行位或运算，就是 0…01111 1111，即 255。所以选择 C。

（12）十进制数 250 与 –5 按位进行或运算就是二进制的 0…011111010 与 1…11111 1011 进行位或运算，就是 1…11111 1011，该二进制值最高位为 1，说明是一个负数，把它当作原码，转换成反码，再补码，得到 1…00000 0101，即 –5。所以选择 D。

（13）将两个操作转成二进制分别是 0…01010 1111、0…00111 1000，进行异或得到 0…01101 0111，所以选择 A。十进制的 215。

（14）该数转成二进制就是 0…01101，左移 2 位得到的是 0…0110100，即是 52。等于 13×4。

（15）–13 的二进制补码是 1…111110011，右移 2 位得到的是 1…11111100，再转换回原码就是 1…100000100，等于–4。

2．填空题

题号	答　　案		
（1）	算术	逻辑	
（2）	CPU	运算器	控制器
（3）	内存储器	外存储器	内存条
（4）	硬件系统	软件系统	系统软件
（5）	10	2	
（6）	原码	反码	补码
（7）	0000 0000 0000 0000		
（8）	+11001	–11001	
	0…011001（省略了中间若干个 0，以下类似）	0…011001	0…011001
	10…011001	11…100110	11…100111
（9）	位与、位或、位反、异或、左移、右移		
（10）	American Standard Code for Information Interchange		

解析：

（7）+0 的补码，由于正数的反码、补码均与原码相同，所以 +0 的补码仍是 0；–0 的原码则是 1000 0000 0000 0000，反码就是 1111 1111 1111 1111，补码则是在反码的最后加 1，得到的结果是 1 0000 0000 0000 0000，已超出 16 位了，超出的舍弃，所以结果仍是 16 个 0。所以，+0、–0 的补码是相同的。

习　题　2

1．选择题

题号	（1）	（2）	（3）	（4）	（5）	（6）	（7）	（8）	（9）	（10）
答案	B	C	B	C	A	A	C	C	B	B

解析：

（1）只有机器语言编写的程序才能直接执行。汇编语言编写的程序转换成二进制指令的过程（生成目标程序的过程）叫汇编；高级语言编写的程序转换成二进制指令的过程叫翻译，翻译又分为编译和解释两种。

（3）一个程序中只能有唯一的 main() 函数，程序的执行总是从 main() 函数开始的，与 main() 函数所处的位置没有任何关系，但总是 main() 函数调用其他函数，而不能颠倒。

（4）C 语言书写灵活，可以在一行上写几条语句，也可以将几条语句写在一行上，分行、缩进书写是为了提高代码的可读性；C 语言程序的基本组成单位是函数，最小单位是语句；程序的注释是为了提高可读性而附加的，注释不参与程序的编译，更不可能执行。

（5）程序的注释有两种，称为行注释、块注释。行注释，顾名思义就是只能对一行进行注释；块注释则是对一行或多行进行注释。注释不要嵌套使用。

（6）C语言源程序的扩展名可以是 c、cpp；编译后生成的目标程序扩展名是 obj 或者 o，这与用户所使用的编程软件相关；连接后生成的可执行程序扩展名是 exe。

2．简答题

（1）略。

（2）注意：不同的 IDE 下，C语言程序源文件、目标文件的扩展名可能不同。

（3）参见主教材。

（4）注意符号\n 的作用。

（5）参考程序：

```
#include<stdio.h>
#include<stdlib.h>
int main(){
    printf("        *\n");
    printf("       ***\n");
    printf("      *****\n");
    printf("     ********n");
    printf("    *********\n");
    return 0;
}
```

习　题　3

1．选择题

题号	（1）	（2）	（3）	（4）	（5）	（6）	（7）	（8）	（9）	（10）
答案	C	A	B	D	A D	D	A	A D	C	A C F

解析：

（1）标识符必须以字母或下画线开头，后面跟若干字母（a~z，A~Z）、数字（0~9）、下画线。标准标识符不能作为用户自定义标识符。选择 C。

（2）仅模运算%要求两个操作数必须都是整型的，选择 A。在进行加减乘除运算时，只有两个操作数都是整型的，结果才是整型的。

（3）字符常量可以是字面性字符常量、也可以是符号性字符常量，其在数量上始终是一个，字符必须用一对单引号括起来。选择 B。其中，A 在数量上是两个符号、C 是一个整数、D 是一个字符串（其用双引号括起来）。

（4）使用科学计数法表示浮点数，要求 e 前 e 后都必须有数字，且 e 后必须是整数、但不能是长整数。选择 D。

（5）int i=3.8;该赋值存在警告性提示信息，但不是错误，会发生截取，i 的值是 3；float f=3;会发生类型的自动转换——整型向浮点型的自动转换，f 的值是 3.000000。

（6）要注意数学表达式与 C语言表达式的区别。题目本意是求 a 与 b 乘积的倒数、结果应该是一个浮点数，而 C语言中整数算术运算的结果也必然是整数，要达到题目的本意、必须至少使得一个操作数成为浮点数。所以选择 D。C 不正确，因为 1/a 的结果是整型的、等于 0，使得整个表达式的结果为浮点数 0.000000，而与题意不符。

（8）两个 int 型数据运算的结果仍是 int 型的，虽然 30000、20000 都没超出 int 型的取值范围、而 50000 已超出 int 型的取值范围、发生溢出。所以需至少将两个操作数中的一个强制转换或标识为长整型的，才能保证结果是长整型的。

（9）涉及有符号数、无符号数的存储。有符号数–3 在内存中是按补码存储的，经原码、反码、补码的转换得到的二进制是 1111 1111 1111 1101，将这个二进制值当做无符号处理、转成十进制值是 $2^{15}+2^{14}+2^{13}+\cdots+0\times2^1+2^0$，等于 65 533。事实上也可以这样计算：在 i 为负数的情况下，其对应无符号数等于 65536+i。

（10）自增自减运算单独成为一条语句时，增减在变量前或后没有差别。但与其他运算组合在一起后存在显著差别。记住：++、--在前，则是先自增自减后再参与其他运算；++、--在后，则是先参与其他运算再自增自减。

i++;　　单独作为一条语句，与++i 无差别，都是使得 i 自增 1。i 等于 3；

j=i++;　　由于++在后，所以是先 j=i;再 i++;，即先将 i 赋值给 j、再 i 自增。所以 j 等于 3、i 等于 4；

k=-(++i) i 先自增 1、再取相反数、再赋值给 k。所以 k 等于–5、i 等于 5。

2．填空题

题号	答　　案		
（1）	字符型	整型	浮点型
（2）	字母、数字、下画线		字母、下画线
（3）	符号	字面	符号
（4）	3	1.000000	
（5）	2	2.266667	
（6）	11	–4	
（7）	88、88、88、87		
（8）	8	2、6、7、7	
（9）	8	4	5
（10）	6.184000	对小数点后第 4 位进行四舍五入	
（11）	4.400000	4	
（12）	0	1	
（13）	x=(-b+sqrt(b*b-4*a*c))/(2*a)	x=(-b-sqrt(b*b-4*a*c))/(2*a)	
	sin(3.141593/6)+tan(3.141593/4)　其中 3.141593 表示圆周率 π，可减小其精度		
	exp(2*i)+sqrt(a*a+b*b*b)+pow(x+y,1.0/3)+log(218)+log(4)/log(5)+pow(y,4)		
（14）	a>=b&&b>=c	a>b || a>c	
（15）	a+b>c && a+c>b && b+c>a　或者写成 a-b>c && a-c>b && b-c>a		
（16）	x%2==1	(x&0x1)==1	
（17）	1		
（18）	0	8	
（19）	4, 2, 3, 1		
（20）	4	'e'	'8'

解析：

（4）i=5/3+5%3;即是 1+2 赋值给 i，i 的结果是 3；

5/3 的结果是 1，赋值给浮点数，则先进行自动类型转换、转换成 1.000000、再赋值给 f。

（5）float f=3/5.0+5.0/3;是 0.600000+1.666667，所以 f 等于 2.266667。

int i=3/5.0+5.0/3;赋值号右侧的值是 2.266667，它赋值给整数 i、需先截取整数部分，所以 i 等于 2。

（6）a+=(b%=2));即是 a+=b=(b%2)、a+=1，所以 a 的值是 11。

x+=x-=x*x;即是 x+=x-=4、x+=x=(2-4)、x+=(x=-2)，所以最后 x 等于-4。

（7）x=a++; 则 x=88、a=89；

y=--a; 则 y=88、a=88；

z=x+y-a--; 则是 z=88+88-88、a=87。

（8）逗号表达式的值等于式子中最后一个的值。a=(x, y, z);则 a 的值等于 z；

a=(x++,++y,--z);则 a 的值等于--z、即 7。

（9）5*(a--)+(b++)-(++c)等于 5*2+3-5 即是 8，此时 a 等于 1、b 等于 4、c 等于 5。再执行 a*=8，最终是 a=1*8。

（10）(int)(x*1000+0.5)/1000.0 等于 (int)(6.18359*1000+0.5)/1000.0、等于 (int)(6183.59+0.5)/1000.0、等于 (int)6184.09/1000.0，等于 6184/1000.0，等于 6.184000。

（11）sizeof(a*b)等于 sizeof(6.000000)，即 sizeof(float)，等于 4；

4+2.0/5 等于 4.400000；

sizeof((a*b)+20/5)等于 sizeof(6.000000+4)，等于 sizeof(10.000000)，等于 4。

（12）3>=5 不成立，即假，结果为 0；1.0e-6>=0.0 成立，即真，结果为 1。

（13）第一个式子需改写成两个赋值表达式，即 x=(-b+sqrt(b*b-4*a*c))/(2*a)和 x=(-b-sqrt(b*b-4*a*c))/(2*a)。注意需添加括号、开平方根的函数。

三角函数的单位应该是弧度，所以应该先进行单位转换。sin(30*3.14/180)+tan(45*3.14/180)，其中的 3.14 表示圆周率。

exp(2*i)+sqrt(a*a+b*b*b*b)+pow(x+y,1.0/3)+log(218)+log(4)/log(5)+y*y*y*y；要记住各函数的函数名。y^4可写成 4 个 y 相乘，或者使用函数运算 pow(y,4)。

（14）不能照搬数学习惯。a≥b≥c 需用与运算连接，即是 a>=b && b>=c；后者使用或运算连接，即是 a>b || a>c。

（15）依据数学规则、结合与运算来写：a+b>c && a+c>b && b+c>a，或者写成 a-b>c && a-c>b && b-c>a。

（16）方法一：奇数被 2 模运算的结果必然等于 1，所以有 x%2==1。

方法二：奇数的二进制表示中，第 0 位必然为 1，所以 (x & 0x1)==1。由于位与运算的优先级低于关系运算==，所以要加括号。

（17）在 C 语言中，真用整数 1 表示、假用整数 0 表示。这个表达式即是 0+1+0，等于 1。

（18）即是 0&&(c=3)，由于前者已经为假，整个逻辑与运算的结果就与后者没有关系了，后者也就不执行、即 c=3 这个赋值不会执行，c 仍保持原来的值。这是逻辑与运算的"短路"现象。

（19）赋值号右侧存在或运算的短路现象。因为 a>b 已经为真，整个运算的结果必为真，则 c=b|c 不会执行、b 和 c 保持原来的值。

（20）考查的是字母字符的 ASCII 码、次序、数字与数字字符间的关系。字母字符按照字母表的次序在 ASCII 码表中依次排列、大小写字母字符分别依次连续，所以'E'-'A'等于 4。根据关系可实现大小写字母字符的转换，所以'E'+'a'-'A'等于'e'。

3. 编程题

（1）需定义符号常量 PI、给定半径，根据公式进行计算，特别要注意 4.0/3 或 4/3.0 绝对不能写成两个整数相除，最后是输出体积。

```c
#include<stdio.h>
#define PI 3.14
int main(){
    int r=1,h=10;
    double v;
    v=1.0/3*PI*r*r*h;
    printf("V=%f\n",v);
    return 0;
}
```

（2）需定义符号常量 g 即重力加速度、输入时间 t、根据公式进行计算，特别要注意 1.0/2 或 1/2.0 绝对不能写成两个整数相除，最后是输出垂直位移。

```c
#include<stdio.h>
#define g 9.8
int main(){
    int t;
    double y;
    printf("please input t=");
    scanf("%d",&t);
    y=1.0/2*g*t*t;
    printf("y=%f\n",y);
    return 0;
}
```

（3）重点是使用模运算、除法运算分离出各数位上的数字，再重新组合；四舍五入的实现方法是将小数点移动到需四舍五入的数位前（使用浮点数除法），采取加 0.5（是否有进位），再取整，最后乘以 10^i 恢复到原来的位数。

```c
#include<stdio.h>
int main(){
    int x,y,a;
    int sum;
    int w0,w1,w2,w3;
    printf("please input x=");
    scanf("%d",&x);
```

```
w0=x%10;
w1=x/10%10;
w2=x/100%10;
w3=x/1000%10;
y=((w0*10+w1)*10+w2)*10+w3;
sum=w0+w1+w2+w3;
a=((int)(x/100+0.5))*100;
printf("y=%d,a=%d,sum=%d\n",y,a,sum);
return 0;
}
```

习　题　4

填空题

题号	答　　案
（1）	1、2、3
（2）	1、任意值、任意值
（3）	1、2.000000、3
（4）	1、空格、2
（5）	1、0.234000、回车符
（6）	10,1,23　　　　　　　　　　10,49,23
（7）	123456789012 　　 123.12346（前面有 3 个空格，保留 5 位小数，右对齐） 123.12346（后面有 3 个空格） 　 123.123457（前面有 2 个空格，默认保留 6 位小数，右对齐） 123.123457（后面有 2 个空格） 　 abcdefghij（前面有 2 个空格） abcdefghij（后面有 2 个空格） 　　 abcdefgh（前面有 4 个空格） 注意：第一行的数字串用来标识宽度（12 列）
（8）	a=1,b=2,c=3
（9）	a23 97,50,51,147
（10）	"I'm a student." I\'m\a\student. 20% of people are　　　　　poor! aAAa
（11）	scanf("%c",&c) 或者　c=getchar( ) c+'a'-'A' printf("%c",c) 或者 putchar(c)
（12）	3,0
（13）	12,35 14,35

续表

题号	答　　案
（14）	7
（15）	203

解析：

（2）输入的值 1 与整型变量 a 对应，但字符 a 与输入控制符不匹配、使得整型变量 b 不能获得值、变量 c 当然也不可能获得值了。所以 b、c 的值是任意的、不确定的。

（4）整数 1 被赋值给整型变量 a，而字符是不需要分隔的、它始终是 1 个，所以空格字符被赋值给字符变量 c1、字符 2 被赋值给字符变量 c2、剩余的 34<回车>则是多余的。

（5）整数 1 被赋值给变量 a，其后的小数点肯定不属于整型变量 a 的一部分值，而应该是浮点数的一部分，这里的小数点成了整数与实数的分隔符，所以 0.234 被赋值给了浮点数 f，回车符（'\n'）则被赋值给了字符变量 c。

（6）fflush(stdin)的功能是清空输入缓冲区，即可以把输入缓冲区中的内容清除掉，避免了多余数据对后续输入语句的影响。

（7）在%与类型控制符之间的整数或实数，是对输出数据进行宽度控制和左右对齐控制的。整数代表整个宽度（包括输出量的小数点、负数的负号，但正数的正号省略即不考虑）、小数点后的数字代表小数部分的位数，正号（常省略）表示右对齐、不足则在数据前补空格，负号代表左对齐、不足则在数据尾部补空格。

（8）一般强调在 scanf()函数中除了输入控制符之外，不要添加其他任意符号，否则容易出错。若有其他内容，一般要在键盘输入时照样输入。所以，本题的输入函数中除了 3 个%d 对应 3 个键盘输入的整数外，其他的符号"a=,b=,c="也必须键盘输入。

（10）输出函数中使用了转义字符。以\开头的一般都属于转义字符。

要表示普通字符\，需使用两个\。

单引号、双引号是特殊字符，需在其前加一个\。

%是特殊字符，要表示它，需使用两个%。

以\x 开头的是十六进制表示的字符。

以\开头的 3 个数字组成的是八进制表示的字符。

\x61 表示十六进制的 61 对应的字符，\101 表示八进制的 101 对应的字符。

（12）输出语句等价于 printf("%d,%d\n", z,1+2>2>3-2);，即 printf("%d,%d\n", 3,3>2>1);，即 printf("%d,%d\n",3,1>2>1);，即 printf("%d,%d\n", 3,0>1);。

（13）输出语句中的自增自减运算，++、--在变量名前的表示先增减再输出，在后的表示先输出再增减变量的值。

```
printf("%d,%d\n",x++,++y);等价于 printf("%d,%d\n",x,y=y+1);x=x+1;
printf("%d,%d\n",++x,y++);等价于 printf("%d,%d\n",x=x+1,y);y=y+1;
```

（14）异或运算的优先级低于加法运算，所以(x^1+y^1)的运算次序是 x^(1+y)^1，是 2^4^1 应该是 010^(100)^001，等于 111，即 7。

（15）(1&1)+(100|1)+(101|1)+(6&1)是 1+101+101+0，等于 203。

习 题 5

（1）

（2）

（3）

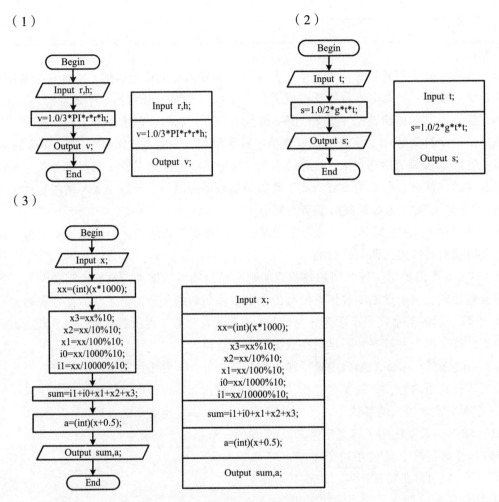

对于实数的四舍五入可以直接使用格式化输出。本题可使用 printf("%.of",x);，而不需烦琐的计算。

习 题 6

1. 选择题

题号	（1）	（2）	（3）	（4）	（5）	（6）	（7）	（8）	（9）	（10）	（11）	（12）	（13）	（14）	（15）
答案	A	B	D	A	C	C	C	D	B	D	A	C	BC	A	D

解析：

（1）选项 A 的结果是 0，因为只有两个数都非 0，结果才是非 0；B 是 0&&1||2，即是 0||2，结果是 1；C 三者是或运算，只要有一个非 0，结果就是非 0；D 是 0||1&&2，即是 1&&2 结果是 1。

（2）isalpha 是系统函数，其意思是"指定字符是字母吗？"是则返回值（运算结果）是 1、否则返回值是 0。这样在 isalpha(ch)为非 0 且 ASCII 小于 91 的情况下，必是大写字母字符。

（4）if(++i>2)即是 if(3>2)，if 表达式非 0、输出结果是 i>2。

（5）if(a)是 if(a!=0)的简写。

（6）A 中 if 的子句是一个逗号表达式；B 只是将 A 中的逗号表达式用一对大括号括起来了；C 中 if 的子句只会是第一个赋值语句；D 中是 3 个赋值语句构成了复合语句。选择 C。

（8）if 的子句只能是一条空语句，或一条简单语句，或一条复合语句，if 与 else 之间的部分构成了 if 的子句，中间若是多条语句必须要用大括号括起来构成复合语句，否则就是错误的。本题情况是缺少大括号，所以属于语法错误、编译必报错。

（9）由于 if(x<=3)后紧跟一个分号，则表明 if 的子句为空。整体上属于 else 的嵌套。else 隐含的条件应与 if 的表达式相反，所以输出结果表达的意思是 B。

（10）这是 if 的嵌套，且是单分支 if 中嵌套着一个 if...else，即第一个 if 没有匹配的 else。

（11）这是复杂的 if...else 的嵌套，正确的缩进书写才好看清 else 与 if 的匹配。

（13）switch(表达式)中的表达式结果必须是整型、字符型、枚举类型的；case 常量中的常量可以是字面常量、符号常量、常量组成的表达式，绝对不能含有变量。

（14）是 switch...case 的嵌套，外层的 case 1 没有 break。

（15）break 也可用于循环之中，当 switch...case 中包含 default 时可能会用到 break。

2．填空题

题　号	答　案
（1）	double p,s;　（也可使用 float） &a,&b,&c a+b>c&&a+c>b&&b+c>a (a+b+c)/2.0 sqrt(p*(p-a)*(p-b)*(p-c))
（2）	result is 1　　　　若 x=2 输出是 result is 0
（3）	2、3、3
（4）	5；求 a、b、c 的最大值
（5）	16、−4

解析：

（2）(x%2)?1:0 是 1?1:0，这个条件表达式的结果等于 1。所以 if 语句变成了 if(1)，它是一个简略写法、等价于 if(1 !=0)，结果为真。

（3）先计算条件表达式++a>b--，若成立则 x=a++，否则 x=--b。整个的运行情况是：先++a、再是关系表达式 2>5 不成立，再 b--、再执行 x=--b，所以 b 的值是 3。

（5）输入 3 时执行的是 3+1+4+8；输入 1 时执行的是 1−5。

3．编程题

（1）0 是一个特殊的整数。在考虑输入的整数非 0 时的情况，正负性、奇偶性分别使用 if…else 的单分支实现。正负性是与整数 0 比较，奇偶性可使用与 2 进行模运算或者与整数 1 进行位与运算来实现。

```c
#include<stdio.h>
int main()
{
    int x;
    printf("input x=");scanf("%d",&x);
    if(x!=0){
        if(x>0) printf("%d是一个正",x);
        else printf("%d是一个负",x);
        if(x%2==0) printf("偶数\n");
        else printf("奇数\n");
    }
    else printf("x等于0\n");
    return 0;
}
```

（2）主要考虑变量的数据类型（一般应使用浮点型）、头文件及相关系统函数。

第一小题：

```c
//方法一
#include<stdio.h>
#include<math.h>
int main()
{
    double x,y;
    printf("input x=");
    scanf("%lf",&x);        //double型数据输入时应使用%lf格式控制符
    if(x<-3) y=pow(x,1.0/3);
    if(x>=-3&&x<=3) y=log(fabs(x+4));
    if(x>3) y=sin(x)+sqrt(2*x);
    printf("y=%f\n",y);
    return 0;
}
//方法二
#include<stdio.h>
#include<math.h>
int main()
{
    double x,y;
    printf("input x=");scanf("%lf",&x);
    y=pow(x,1.0/3);
    if(x>=-3&&x<=3) y=log(fabs(x+4));
    if(x>3) y=sin(x)+sqrt(2*x);
    printf("y=%f\n",y);
    return 0;
}
//方法三
```

```
#include<stdio.h>
#include<math.h>
int main()
{
    double x,y;
    printf("input x=");scanf("%lf",&x);
    if(x<=3)
        if(x<-3) y=pow(x,1.0/3);
        else y=log(fabs(x+4));        //前两段为一大段
    else y=sin(x)+sqrt(2*x);
    printf("y=%f\n",y);
    return 0;
}
//方法四
#include<stdio.h>
#include<math.h>
int main()
{
    double x,y;
    printf("input x=");scanf("%lf",&x);
    if(x<-3) y=pow(x,1.0/3);          //后两段为一大段
    else if(x>=-3&&x<=3) y=log(fabs(x+4));
         else y=sin(x)+sqrt(2*x);
    printf("y=%f\n",y);
    return 0;
}
```

第二小题，根据 x 求 y 和 z，需使用复合语句。

```
#include<stdio.h>
#include<math.h>
int main()
{
    float x,y;
    printf("input x=");
    scanf("%f",&x);                //float 型数据输入时应使用%f 格式控制符
    if(x<4){
        y=2*x/3;z=fabs(x)+y;
    }
    else{
        y=x/2;  z=3*x*y+x/y;
    }
    printf("y=%f,z=%f\n",y,z);
    return 0;
}
```

（3）是否喜爱体育运动、是否有良好卫生习惯，可以用标志来描述，且需定义成整数，值取 1 或 0。

```
#include<stdio.h>
```

```
int main()
{
    double faHeight,moHeight,childHeight;
    char sex;
    int sportFlag,healthFlag;
    printf("input faHeight,moHeight:");
    scanf("%lf%lf",&faHeight,&moHeight);fflush(stdin);
    printf("sex,input m or f:");
    scanf("%c",&sex);fflush(stdin);
    printf("sportFlag,input 1 or 0:");
    scanf("%d",&sportFlag);fflush(stdin);
    printf("healthFlag,input 1 or 0:");
    scanf("%d",&healthFlag);fflush(stdin);

    if(sex=='m') childHeight=(faHeight+moHeight)*0.54;
    if(sex=='f') childHeight=(faHeight*0.923+moHeight)/2;
    //下面代码中的标志决定了是否加上增长率
    childHeight==childHeight*(1+sportFlag*0.02)*(1+healthFlag*0.015);
    printf("childHeight=%f\n",childHeight);
    return 0;
}
```

（4）本题思路与主教材上的例子基本一致，只是作了一点扩展。计算出的结果可通过计算机或手机上的日历进行验证。

```
#include<stdio.h>
int main()
{
    int year=2020, month, day, sum=0;
    int flag=0;        //①假设为非闰年，flag作为是否为闰年的标记
    int week=3;
    printf("input month day: ");
    scanf("%d%d",&month,&day);
    if(year%400==0||(year%4==0&&year%100!=0)) flag=1;
    else ;             //空语句，可去掉该行
    switch(month-1)
    {
    case 11:
        sum+=30;
    case 10:
        sum+=31;
    case 9:
        sum+=30;
    case 8:
        sum+=31;
    case 7:
        sum+=31;
    case 6:
        sum+=30;
```

```
case  5:
    sum+=31;
case  4:
    sum+=30;
case  3:
    sum+=31;
case  2:
    if( flag )  sum+=29;
    else  sum+=28;        //②
    // if( flag ) 等价于if( flag==1 )，严格来说等价于if( flag!=0 )
    //该行可替换成 case  2: sum+=28+flag;
case  1:
    sum+=31;
case  0:
    sum+=day;
}
week=(sum%7+week-1)%7;
//这里使用了两次模运算，因为加减后的结果可能超过 7
printf("week=%d\n",week);
return  0;
}
```

（5）题目给出的表达式是一个 5 段函数，特别适合于使用 5 个单分支的 if 语句实现，当然也可以使用 if...else 的嵌套来实现；下面仅给出使用 switch...case 实现的程序代码，注意合理使用 break。

```
#include<stdio.h>
int main(){
    int salary=1000,profit;
    double royalty; //提成率
    printf("%d",&profit);
    switch(profit/1000){
        case 0:royalty=0;break;
        case 1:royalty=0.1;break;
        case 2:
        case 3:
        case 4:royalty=0.15;break;
        case 5:
        case 6:
        case 7:
        case 8:
        case 9:royalty=0.2;break;
        default:royalty=0.25;
    }
    salary+=profit*royalty;
    printf("salary=%f\n",salary);
}
```

习 题 7

1. 选择题

题号	（1）	（2）	（3）	（4）	（5）	（6）	（7）	（8）	（9）	（10）	（11）	（12）	（13）	（14）	（15）
答案	D	B	D	B	C	C	D	D	B	B	C	C	B	D	B

解析：各题要先认真手工计算结果、再通过计算机来验证。

（2）i=5，循环条件成立，循环体执行后 i=4，输出 4；

i=4，循环条件成立，循环体执行后 i=3，输出 3；

i=3，循环条件成立，循环体执行后 i=2，输出 2；

i=2，循环条件成立，循环体执行后 i=1，输出 1；

i=1，循环条件不成立、终止循环。

（3）i=-1，循环条件成立、循环体执行后 i=0；

i=0，循环不成立、终止循环。

（4）循环体中 if 的作用是判断字符 ch 是否为大写字母字符，是则将其转成小写字母字符并输出。

嵌套的 if 作用是判断字符 ch 是否为小写字母字符，是则将其转成大写字母字符并输出；循环中会忽略掉输入的非字母字符。

（5）while 循环是一个永真循环，通过循环体中的 if 与 break 的配合来中止循环。sum=1+2+3+4 时大于 8、中止循环，i 等于 5。

（6）i=1，循环条件成立：执行循环体后 count=1，两个 if 的条件都不成立，执行 i+=2 使得 i=3。

i=3，循环条件成立：执行循环体后 count=2，第二个 if 成立，i=4，continue 使得程序直接跳转到 while 开始新一轮循环。

i=4，循环条件成立：执行循环体后 count=3，第二个 if 成立，i=5，continue 使得程序直接跳转到 while 开始新一轮循环。

i=5，循环条件成立：执行循环体后 count=4，第一个 if 成立、通过 break 中止循环。

count 最后的值就是循环的次数。

（7）while、do...while、for 都是在表达式为真（即非 0）时执行循环体。

（8）直接进入循环体：使得 a=12,y=12，再输出此时的 a、y，if 的条件不成立，不执行 break，执行 while 中的条件表达式兼赋值语句，a=16、循环成立；

第二次执行循环体：a=12+6，y=12+a=30、输出此时的 a、y，if 条件成立、执行 break 中止循环。

（9）i=6，直接进行循环体执行输出，输出 4，此时 i=4，再执行 while 语句，i=3，即循环不成立，终止循环。

（10）i=0，j=10，i<j 成立，执行循环体：输出 i，再自增减 i、j，使得 i=1,j=9；

i=1，j=9，i<j 成立，执行循环体：输出 i，再自增减 i、j，使得 i=2，j=8；

i=2，j=8，i<j 成立，执行循环体：输出 i，再自增减 i、j，使得 i=3，j=7；

i=3，j=7，i<j 成立，执行循环体：输出 i，再自增减 i、j，使得 i=4，j=6；

i=4，j=6，i<j 成立，执行循环体：输出 i，再自增减 i、j，使得 i=5，j=5；

i=5，j=5，i<j 不成立，循环体终止。

循环体执行了 5 次。

（11）循环条件只与 x 相关。x 取值 0、1、2、3、4 都会执行循环体。循环体共执行 5 次。

（12）A 中第一次输出的是'1'，不是'0'，第 10 次输出的不是数字字符了；B 中字符 c 没有改变，是死循环；D 不能循环 10 次。

（13）是 for 循环的变体，即改变了 for 中 3 个表达式的次序，i 可取 1、3、5、7、9，所以 sum=1+3+5+7+9=25。

（14）i=1 时：j 可取 1，t=1，sum=1；

i=2 时：j 可取 1、2，t=1+2，sum=1+t=1+(1+2)；

i=3 时：j 可取 1、2、3，t=1+2+3，sum=1+(1+2)+(1+2+3)；

i=4 时：j 可取 1、2、3、4，t=1+2+3+4，sum=1+(1+2)+(1+2+3)+(1+2+3+4)；

i=5 时：终止外循环。

所以 sum=1+(1+2)+(1+2+3)+(1+2+3+4)=20。

（15）i=1 时执行 for 循环：if 成立、执行 continue，while 不成立、终止 do...while 循环，n++、使得 n=1；

i=2 时执行 for 循环：if 成立、执行 continue，while 不成立、终止 do...while 循环，n++、使得 n=2；

i=3 时执行 for 循环：if 不成立、不执行 continue，执行 n++使得 n=3，while 不成立、终止 do...while 循环，n++、使得 n=4；

i=4 时执行 for 循环：if 成立、执行 continue，while 不成立、终止 do...while 循环，n++、使得 n=5；

i=5，终止 for 循环。

2．填空题

题号	答　　案		
（1）	1.0/(i*i)	i++	sqrt(6*s)
（2）	200	x%3==0&& x%10==4	x++
（3）	11,5		
（4）	5,-3		
（5）	x	min=x	x>=0
（6）	程序存在错误，因为变量 i 未初始化		
（7）	31		
（8）	15,25		
（9）	sum=35		
（10）	32		

解析：各填空题（包括前面的选择题），都需要手工执行每行程序代码、认真理解其意义，从中学习到相关的算法和技巧。

（3）x=3、y=1，循环成立：第一个 if 不成立，第二个 if 也不成立，执行 x-=3、y++，使得 x=0、y=2。

x=0、y=2，循环成立：第一个 if 不成立，第二个 if 成立：执行 x+=5 使得 x=5、执行 continue，程序直接跳转到 while 循环。

x=5、y=2，循环成立：第一个 if 不成立，第二个 if 也不成立，执行 x-=3、y++，使得 x=2、y=3。

x=2、y=3，循环成立：第一个 if 不成立，第二个 if 成立：执行 x+=5 使得 x=7，执行 continue，程序直接跳转到 while 循环。

x=7、y=3，循环成立：第一个 if 不成立，第二个 if 也不成立，执行 x-=3、y++，使得 x=4、y=4。

x=4、y=4，循环成立：第一个 if 不成立，第二个 if 成立：执行 x+=5 使得 x=9，执行 continue，程序直接跳转到 while 循环。

x=9、y=4，循环成立：第一个 if 不成立，第二个 if 也不成立，执行 x-=3、y++，使得 x=6、y=5。

x=6、y=5，循环成立：第一个 if 不成立，第二个 if 成立：执行 x+=5 使得 x=11、执行 continue、程序直接跳转到 while 循环。

x=11、y=5，循环成立：第一个 if 成立、执行 break 中止循环。

此时 x=11、y=5，输出。

（4）while 中对变量 a 是后加，所以一定是不等式执行完后 a 才增加 1。

a=1、x=0，while 循环成立：a=2，匹配 case 2 使得 x=2 并通过 break 终止 switch，进入下一次循环。

a=2、x=2，while 循环成立：a=3，匹配 case 3 使得 x=5、没有 break 则继续执行 x-=4 使得 x=1，进入下一次循环。

a=3、x=1，while 循环成立：a=4，匹配 case 4 使得 x=-3，进入下一次循环。

a=4、x=-3，while 循环不成立，终止循环。此时 a=5。

输出 a、x 的值 5、-3。

（5）求最值的算法是：首先假定第一个数既是最大值也是最小值，从第二个数开始分别与已存在的最值进行比较：若它比最大值还大则它是最大值，若它比最小值还小则它是最小值。本代码中，第一次执行循环体时，第一个数与最值的比较是多余的。

（6）i 没有指定初值、不能参与运算，程序存在错误。

（7）i 可取值 1、2、3、4，分别匹配 switch 中的 case 1、case 2、case 3 和 default，且都没有 break，所以 a=(3+5)+(3+5)+(2+3+5)+5=31。

（8）i=0 时：j 从 0 取到 4，m=5、n=5。

i=1 时：j 从 0 取到 4，m 自增 4 次、n 自增 5 次，得到 m=5+4、n=5+5。

i=2 时：j 从 0 取到 4，m 自增 3 次、n 自增 5 次，得到 m=5+4+3、n=5+5+5。

i=3 时：j 从 0 取到 4，m 自增 2 次、n 自增 5 次，得到 m=5+4+3+2、n=5+5+5+5。

i=4 时：j 从 0 取到 4，m 自增 1 次、n 自增 5 次，得到 m=5+4+3+2+1、n=5*5。

所以，最终 m=15、n=25。

（9）i=1 时：j 从 1 取到 1，内循环的循环体共执行 1 次。sum=0+1。

i=2 时：j 从 1 取到 2，内循环的循环体共执行 2 次。sum=1+(1+2)。

i=3 时：j 从 1 取到 3，内循环的循环体共执行 3 次。sum=1+(1+2)+(1+2+3)。

i=4 时：j 从 1 取到 4，内循环的循环体共执行 4 次。sum=1+(1+2)+(1+2+3)+(1+2+3+4)。

i=5 时：j 从 1 取到 5，内循环的循环体共执行 5 次。sum=1+(1+2)+(1+2+3)+(1+2+3+4)+ (1+2+3+4+5)；这就是 sum 的终值。

（10）i=0while 条件成立：直接进入 for 循环，if 条件成立，执行 break 中止了 for 循环；执行后面的两个赋值语句，使得 i=11、a=11。

i=11 while 条件成立：直接进入 for 循环，if 条件不成立，应执行 else 子句得到 i=10，再次执行 for 循环，本次 if 条件成立、执行 break 中止了 for 循环；执行后面的两个赋值语句，使得 i=10+11=21、a=11+(10+11)=32。

i=21 while 条件不成立，终止 while 循环。执行输出 a 值。a 的值是 32。

3．编程题

（1）由于乘积（阶乘）增长很快，若 n 大一些则阶乘的结果可能溢出。所以一方面 n 不能大了，另一方面可将变量 fac 定义为 double 型的。本题为简单起见，将存储阶乘的变量仍定义为整型。

```c
#include<stdio.h>
int main()
{
    int i=1,n,fac=1;              //积的初始值为 1
    printf("input n=");
    scanf("%d",&n);
    while(i<=n)
    {
        fac*=i;
        i++;
    }
    printf("%d\n",fac);
}
```

（2）本题计算时，厚度、高度的单位要统一。

```c
#include<stdio.h>
int main()
{
    float thick=0.0001,height=8848.31,s;
    int count=0;
    s=thick;
    while(s<height){
        s*=2;
```

```
        count++;
    }
    printf("count=%d\n",count);
    return 0;
}
```

（3）主要涉及各数位上数字的分离。

```
#include<stdio.h>
int main(){
    int x=100,a,b,c,count=0;
    while(x<1000){
        a=x%10;
        b=x/10%10;
        c=x/100;
        if(a*a*a+b*b*b+c*c*c==x){
            printf("%5d",x);
            count++;
        }
        x++;
    }
    Printf("\ncount=%d\n",count);
    return 0;
}
```

（4）循环相加，当和超过 8.0 时停止循环；最接近 8.0 的这个数可能比 8 大、也可能比 8 小。所以需记下两个和：一个是当前的和、一个是前一次的和；将这两个和与 8.0 进行比较，差的绝对值越小表示越接近于 8.0。

```
#include<stdio.h>
#include<stdlib.h>
#include<math.h>
#define number 8.0
int main()
{
    double sum=0.0,t=0.0;
    int i=1;
    while(sum<number){
        t=sum;
        sum+=1.0/i;
        i++;
    }
    i--;            //这里为什么要减 1?
    printf("t=%f,sum=%f\n",t,sum);
    if(fabs(t-number)<fabs(sum-number)){
        printf("i=%d\n",i-1);
        printf("t=%f",t);
    }
    else{
        printf("i=%d\n",i);
```

```
        printf("sum=%f\n",sum);
    }
    return 0;
}
```

（5）观察相邻两项间的关系：正负相间可使用 flag*(–1)来实现，每项是一个商、分子分母分别求出、再迭代。

```
#include<stdio.h>
int main(){
    double sum=0.0,fz,fm=1,item,x;
    int flag=1,i=1;
    printf("input x=");
    scanf("%lf",&x);//输入度数。下面转换成弧度、便于计算
    x=x*3.14/180;
    fz=x;
    item=fz/fm;
    while(item>1.0e-6){
        sum+=flag*item;
        flag=-flag;
        fz=fz*x*x;
        fm=fm*(i+1)*(i+2);
        i+=2;
        item=fz/fm;
    }
    printf("sum=%f\n",sum);
    return 0;
}
```

（6）判断一个整数是否为素数需要使用一个一重循环，求 1 000 以内的所有素数又需要一个循环，整个是二重循环。

```
#include<stdio.h>
#include<math.h>
int main(){
    int n,i,k,count=0;
    for(n=2;n<1000;n++){
        k=(int)sqrt(n);              //开始
        for(i=2;i<=k;i++)
            if(n%i==0) break;
        if(i>k) {
            count++;
            if(count%5==0) printf("\n");
            printf("%5d",n);
        }                            //结束，输出一个素数
    }
    return 0;
}
```

（7）两个三位数相加，和仍是一个三位数。据此分析 x、y、z 的取值范围。例如：个位上是 2，它是由两个 z 相加得到的，所以 z 只能取 1、6；由此推断 y 只能取 2（7 不能取），

等等。当然，也可以不进行分析，直接进行试探，只是循环次数多一些。

```c
#include<stdio.h>
int main()
{
    int x,y,z;
    for(x=0;x<10;x++)
        for(y=0;y<10;y++)
        for(z=0;z<10;z++)
        if( (100*x+10*y+z)+(100*y+10*z+z) ==532)
            printf("%d,%d,%d\n",x,y,z);
    return 0;
}
```

（8）要把 4 个同学的话用表达式描述出来，4 个人每个人都有两个可能的取值。使用 4
重循环来实现。

```c
#include<stdio.h>
int main(){
    int a,b,c,d;
    for(a=0;a<=1;a++)
    for(b=0;b<=1;b++)
    for(c=0;c<=1;c++)
    for(d=0;d<=1;d++){
        if(!a+c+d+!d==3&a+b+c+d==1)//3 个人说真话，4 人中只有一人做了好事
        {
            if(a==1)printf("a");
            if(b==1)printf("b");
            if(c==1)printf("c");
            if(d==1)printf("d");
        }
    printf("\n");
    }
    return 0;
}
```

（9）典型的不定方程。根据一个男人、女人和小孩的花费可算出各种人的人数上限、
下限都是 0。共 3 个变量使用 3 重循环实现。

```c
#include<stdio.h>
int main(){
    int a,b,c;
    int count=0;
    for(a=0;a<=16;a++)
    for(b=0;b<=25;b++)
    for(c=0;c<=33;c++)
        if(a+b+c==20&30*a+20*b+15*c==500)
        {
            printf("%d,%d,%d\n",a,b,c);
            count++;
        }
```

```
        printf("Count=%d\n",count);
        return 0;
}
```

（10）牢牢抓住规律性，掌握通用算法。

第一小题：

```
#include<stdio.h>
int main(){
    int value;
    int i,j;
    for(i=1;i<=4;i++)
    {   value=0;            //每次循环前 value 都需重新赋值为 0，保证每行以 0 开始
        for(j=1;j<=i;j++)
            printf("%d",value++);
        printf("\n");
    }
    return 0;
}
```

第二小题：

```
#include<stdio.h>
int main(){
    int value=0;
    int i,j;
    for(i=1;i<=4;i++)
    {   for(j=20;j>i;j--)printf(" ");
        for(j=1;j<=i;j++)
            printf("%d",value++);
        printf("\n");
    }
    return 0;
}
```

第三小题：

```
#include<stdio.h>
int main(){
    int value;
    int i,j;
    for(i=1;i<=4;i++)
    {
        for(j=20;j>i;j--)printf(" ");
        value=0;            //每次循环前 value 都需重新赋值为 0，保证每行以 0 开始
        for(j=1;j<=2*i-1;j++)
            printf("%d",value++);
        printf("\n");
    }
    return 0;
}
```

第四小题：

```c
#include<stdio.h>
int main(){
    char value='*';
    int i,j;
    for(i=1;i<=5;i++)
    {
        for(j=1;j<=20;j++)
            if(i==1||i==5||j==1||j==20)    printf("%c",value);
            else printf(" ");
        printf("\n");
    }
    return 0;
}
```

第五小题：

输出这个菱形，分上下两部分进行处理。先输出前 4 行，再输出后 3 行。关键在于控制好每行中第一个*前的空格数、一行上两个*之间的空格数，需要计算空格数与行号的关系。

```c
#include<stdio.h>
int main(){
    char value='*';
    int i,j,k;
    for(i=1;i<=4;i++){               //上半部分的行数，4 行
        for(j=1;j<20-i;j++)printf(" ");        //每行第一个*前的空格数
        k=j;                         //保存每行的第一个*前的空格数
        printf("*");                 //每行上的第一个*
        for(j=1;j<=2*(i-1)-1;j++) printf(" ");  //每行上两个*之间的空格数
        if(i!=1) printf("*");        //每行上最后的*。第一行只有一个*
        printf("\n");                //一行处理完了要换行
    }                                //上面是输出上半部分图形
    for(i=5;i<=7;i++){
        for(j=1;j<k+i-4;j++)printf(" ");
        printf("*");
        for(j=2*(7-i)-1;j>0;j--) printf(" ");
        if(i!=7) printf("*");
        printf("\n");
    }
    return 0;
}
```

习　题　8

1. 选择题

题号	（1）	（2）	（3）	（4）	（5）	（6）	（7）	（8）	（9）	（10）	（11）	（12）	（13）	（14）	（15）
答案	D	D	C	B	C	AD	A	A	C	C	C	D	C	C	B

解析：

（1）数组的下标必须是非负整数、不能越界，下标用方括号括起来。

（2）数组的整体初始化需用大括号括起来，允许最后的几个数据取缺省值。

（3）a[2]等于 6。i=a[a[2]]，即是 i=a[6]，得 i=2。

（4）do…while 循环使得：

a[0]=0，i=1，n=5；

a[1]=1，i=2，n=2；

a[2]=0，i=3，n=1；

a[3]=1，i=4，n=0。

for 循环是依次输出 a[3]、a[2]、a[1]、a[0]。

（5）分清字符串与字符数组的差别。字符串的最后是\0、它需占用一个字节的存储空间；而字符数字则依实际字符的个数占用存储空间。字符串的串长则是从第一个字符开始到空字符\0 之间字符的数目。

（6）涉及数组的声明与定义的问题。数组只能在声明的同时进行整体赋值，B、C 就是这种情况，D 则是数组的容量不够、因为\0 也需占用一个字节。若仅声明，以后赋值的话则只能一个一个地进行，A 就属于这种情况，所以错了。

（7）以%s 的格式输出，则是输出一个字符串或是将后面的量作为一个字符串进行输出，输出时字符数组中碰到'\0'输出就中止。注意 0、'\0'、'0'的关系。

（8）先对字符数组 str 赋值一个字符串，再从键盘输入一个字符串来覆盖字符数组 str。str 就是现在输入的值。

（9）二维数组仅进行声明则两个容量（行数、列数）都不能省略。只有在声明的同时整体赋值时才允许省略第一维的容量（行数）。

（10）A 中二维数组共 6 个元素，后 5 个元素取缺省值 0；B 中省略了行数；C 中指定行数为 2，但值却是按 3 行来赋值的，所以错误；D 可根据值的个数计算出行数。

（11）二维数组的列数是不能省略的，行数可省略、但通过值的个数一定能计算出行数。A 没有指定列数，错误；B 缺少一对将值括起来的大括号，错误；D 同样是没有指定列数。无论是一维数组还是二维数组，行列数必须是整型常量或整型常量的表达式。

（12）引用数组的元素，下标必须是整型的，不能下标越界。D 属于越界了。

（13）第一个二重循环是对二维数组赋值，第二个二重循环是对二维数组的部分元素进行交换，第三个二重循环是按行输出数组元素的值。需要手工执行各语句，写下结果，最后进行对照。

（14）二维数组 a 有部分元素获取了缺省值。需要按行将所有元素的值在纸上写下来。注意输出值的下标。

（15）初始化时二维数组所有元素的值都是 0，通过输入语句，输入的只是每行上第一个元素的值，其他值仍等于 0。

2．填空题

题号	答 案
（1）	20，19，13
（2）	1234
（3）	str[i++]
（4）	"Kite"
（5）	abcbcc
（6）	11，10，i++，break，a[k+1]=a[k]，a[k+1]
（7）	−1　−4　−3　−7　9　8　4　10　2　7 将该序列分成两部分：前部分都是负数，后部分都是正数
（8）	i++，s[i+j]=0
（9）	str，strlen(str)，continue，str[i]='*'，puts
（10）	x[i][0]，max[i]<x[i][j]，max[i]=x[i][j]

解析：

（1）一个汉字占 2 个字节；\t 是一个字符。

（2）代码的功能是略去字符串中的字母字符，将数字字符转换成一个整数并输出。

（3）while 循环完成字符的复制，最后的赋值语句是在最后加上字符串的结束标记"\0"，从而构成字符串。

（4）这个二维数组由 3 个字符串组成，每个字符串占一行。输出的是第二行，即第二个字符串。

（5）strcpy 是串复制。第一个 for 循环是将 str 复制 3 次，分别复制到 s[0]、s[1]、s[2] 中，而第二个 for 输出的却是分别以&s[0][0]、&s[1][1]、&s[2][2]开始的字符串。

（6）数组 a 初始化时有 10 个元素，现插入一个新元素，则它的容量至少是 11。while 循环完成插入位置的确定；for 循环完成相关元素的后移，且后移必须是最先移动目前的最后一个元素，然后是倒数第二个元素……以免发生覆盖；再将 x 赋值到相关位置，需要注意不能把下标搞错；最后是通过 for 循环输出新数组的所有元素。

（7）采取手工的方式认真演算：记下 i、j 的当前值，数组元素的交换等。

（8）第一个 while 循环用于计算 s 的串长，或者说是确定字符 t[0]在 s 中的下标；第二个 while 是将 t 中各个字符添加到 s 的尾部；最后是在 s 的最后加上字符'\0'，形成字符串。

（9）for 循环主要完成查找、替换操作，if 是进行查找即比较、else 是进行替换即赋值。

（10）第一个二重 for 循环是输入二维数组各元素的值；接下来的一重 for 循环是假设每行的最大值；第二个二重 for 循环是求每行的最大值。

3．编程题

（1）判断整数的性质，可以使用 if...else 的嵌套，也可以使用 3 个单分支的 if 语句；需要定义 3 个计数器，且初值都为 0。输入一个整数后马上判断其正负型。

```c
#include<stdio.h>
int main(){
    int numZ=0,numF=0,numZero=0;
    int num[20],i;
    printf("input 20 numbers for num:");
```

```
    for(i=0;i<20;i++){
        scanf("%d",&num[i]);
        if(num[i]>0) numZ++;
        else if(num[i]==0) numZero++;
        else numF++;
    }
    printf("%d,%d,%d\n",numZ,numZero,numF);
    return 0;
}
```

（2）所谓逆置就是将字符串"对折"，将重叠处的字符进行互换。即将下标为 0 处的字符与下标为(len-1)-0 处的字符交换，将下标 1 处的字符与下标为(len-1)-1 处的字符交换……交换时不需要考虑串长的奇偶性；交换是使用 3 条赋值语句来实现的，且这 3 条赋值语句构成循环体，绝对不能搞错循环的次数，循环次数是 len/2。

```
#include<stdio.h>
#include<string.h>
int main(){
    char str[80],t;
    int i,len;
    printf("input a string:"); gets(str);
    len=strlen(str);
    for(i=0;i<len/2;i++){          //注意交换时对应元素的下标
        t=str[i];
        str[i]=str[len-1-i];
        str[len-1-i]=t;
    }
    puts(str);
    return 0;
}
```

（3）7 个分数相加得到总分，再求出最高分和最低分，再在总分中减去最高分和最低分，得到的是 5 名评委评分的和，最后再求平均分，这个平均分才是应聘者的最终得分。

```
#include<stdio.h>
int main(){
    int score[7],sum=0,max,min,i;
    double average;
    printf("input a array for score:");
    for(i=0;i<7;i++){
        scanf("%d",&score[i]);
        sum+=score[i];
    }
    max=min=score[0];
    for(i=1;i<7;i++)
        if(score[i]>max) max=score[i];
        else if(score[i]<min) min=score[i];
    sum=sum-max-min;
    average=sum/5.0;
    printf("Final score is %f\n",average);
```

```
        return 0;
    }
```

（4）十进制值转二进制的方法是：整除 2 取余数，最后将余数倒置。所以需用一个数组存储每次的余数，最后再逆置，且数组的实际元素个数是在循环结束时才确定的。循环条件是商非 0。

```
#include<stdio.h>
int main(){
    int x,len=0,i;
    int value[50]={0},t;
    printf("input x=");scanf("%d",&x);
    while(x>0){
        value[len++]=x%2;
        x=x/2;
    }
    for(i=0;i<len/2;i++){
        t=value[i];
        value[i]=value[len-1-i];
        value[len-1-i]=t;
    }
    for(i=0;i<len;i++)
        printf("%d",value[i]);
    //可将 value 数组定义为字符型数组，存储二进制值为字符串
    printf("\n");
    return 0;
}
```

（5）算法与上一题一致，只是需将 10～15 转换成字符型的 A～F。结果应该是一个字符串。

```
#include<stdio.h>
#include<string.h>
int main(){
    int x,len=0,i;
    char value[50]={0},t;
    printf("input x=");scanf("%d",&x);
    while(x>0){
        t=x%16;
        if(t<10) value[len++]='0'+t;    //转成数字字符
        else value[len++]='A'+t-10;     //10～15 映射成 A～F
        x=x/16;
    }
    for(i=0;i<len/2;i++){               //逆置
        t=value[i];
        value[i]=value[len-1-i];
        value[len-1-i]=t;
    }
    value[len]=0;                       //在最后添加\0
    puts(value);
```

```
        return 0;
    }
```

（6）使用一个整型数组存储指定字符出现的下标。程序中考虑了指定字符一次都不出现的可能。

```c
#include<stdio.h>
#include<string.h>
int main(){
    int index[80],num=0,i=0;
    char str[80],c;
    int len;
    printf("input a string:"); gets(str);
    fflush(stdin);
    printf("input character=");c=getchar();
    len=strlen(str);
    for(i=0;i<len;i++)
        if(str[i]==c) index[num++]=i;           //将下标放入 index 数组
    if(num==0) printf("once not found!\n");
    else
        for(i=0;i<num;i++)printf("%d,",index[i]);
    printf("\n");
    return 0;
}
```

（7）定义一个数组，初始值都为 0，表示没有响声；数组的下标表示时间，某下标被 5、6、7 中的一个数整除就将该下标处的值置为 1，表示出现了响声，且不管该下标处的元素有多少次被赋值为 1，都只表示听到了一次响声。

```c
#include<stdio.h>
int main(){
    int sound[141]={0};
    int t1=20*5,t2=20*6,t3=20*7,count=0,i;
    for(i=0;i<=t3;i++){
        if(i<=t1&&i%5==0) sound[i]=1;
        if(i<=t2&&i%6==0) sound[i]=1;
        if(i<=t3&&i%7==0) sound[i]=1;
    }
    for(i=0;i<=t3;i++)           //每行输出 5 个数
        if(sound[i]==1){
            printf("%5d",i);
            count++;
            if(count%5==0) printf("\n");
        }
    printf("\n----------------------\ncount=%d\n",count);
    return 0;
}
```

（8）需要总结出矩阵四条边上元素的行列号的特征——第一行上所有元素的行号都等于 0，第一列上所有元素的列号都等于 0，最后一行、最后一列都等于 n–1；两条主对角线上元素行列号的特征——分别是行列号相等、行列号的和等于 n–1。这是本题的关键。

```
#include<stdio.h>
int main(){
    int a[5][5]=
        {1,2,3,4,5,
         6,7,8,9,10,
         11,12,13,14,15,
         16,17,18,19,20,
         21,22,23,24,25
        };
    int i,j;
    int sum1=0,sum2=0;
    for(i=0;i<5;i++)
        for(j=0;j<5;j++)
            if(i==0||i==4||j==0||j==4)
                sum1+=a[i][j];
            if(i==j||i+j==4)  sum2+=a[i][j];
    printf("sum1=%d,sum=%d\n",sum1,sum2);
    return 0;
}
```

（9）杨辉三角形的样式是：

```
1
1   1
1   2   1
1   3   3   1
1   4   6   4   1
1   5   10  10  5   1
```

使用二维数组存储比较简单，根据公式 a[i][j]=a[i-1][j-1]+a[i-1][j]进行计算，也要分析值的特点。如：上图中，每行上首尾两个元素的值总是 1，此时 i、j 有何特点？

```
#include<stdio.h>
#define N 10
int main(){
    int a[N][N];
    int i,j;
     for(i=0;i<N;i++)
        for(j=0;j<=i;j++)
            if(i==0||j==0||j==i) a[i][j]=1;
            else a[i][j]=a[i-1][j-1]+a[i-1][j];
    for(i=0;i<N;i++){
        for(j=0;j<=i;j++)
            printf("%6d",a[i][j]);
        printf("\n");
    }
    return 0;
}
```

若要使得输出美观——输出的是等腰三角形的图形，则要控制每行上第一个值之前的空格数。上面的程序修改如下：

```
#include<stdio.h>
#define N 10
int main(){
    int a[N][N];
    int i,j,k;
     for(i=0;i<N;i++)
        for(j=0;j<=i;j++)
            if(i==0||j==0||j==i) a[i][j]=1;
            else a[i][j]=a[i-1][j-1]+a[i-1][j];
    for(i=0;i<N;i++){
        for(k=1;k<30-3*i;k++) printf(" ");
        for(j=0;j<=i;j++)
            printf("%6d",a[i][j]);
        printf("\n");
    }
    return 0;
}
```

若使用一维数组存储，则求解较困难。每行上首尾两个元素的值总为 1，我们从每行上倒数第一个元素开始向前进行计算，一直计算到第二个元素。倒着进行计算不会发生覆盖的情况。

```
#include<stdio.h>
#define N 10
int main()
{
    int a[N],i,j; //定义数组
    for (i=0; i<N; i++) //从第 1 行到第 10 行,i 为行下标
    {
        a[i]=1; //每行上最右边的一个数总为 1
        for (j=i-1; j>=1; j--) a[j]=a[j]+a[j-1];
/*输出第二行的内容时，从右边第二个元素开始计算，直到第二个元素，即是逆序计算。j 可
看作是列号。元素的值是上一行本位置元素值加上上一行前一位置的值。*/
        for (j=0; j<=i; j++)  printf("%6d",a[j]); //打印一行上所有元素的值
        printf("\n");
    }
    return 0;
}
```

（10）设置两个整型变量 begin、end 分别表示一个单词开始和结束时的下标，再把 begin～end 之间的字符逆置。原来的空格照样保留和输出。

程序中，特别要注意执行交换操作的两个字符的下标。

```
#include<stdio.h>
int main()
{
    char str[80];
```

```
int begin=0,end=0;
printf("input a string:"); gets(str);
int i=0,k;
while(str[i]){
    //一个单词开始时的下标，略去字母前的空格
    while(str[i]&&str[i]==' '){begin++;i++;}
    end=begin;
    //找单词结束时的下标，空格代表单词结束
    while(str[i]&&str[i]!=' '){end++;i++;}
    end--;   //单词结束时的真正下标
    int len;
    if(begin!=end){                   //相等则表示该单词仅含一个字母
        len=end-begin+1;
        for(k=begin;k<begin+len/2;k++){//单词逆置
            char t;
            t=str[k];
            str[k]=str[begin+end-k];   //注意下标间的关系，哪两个字符交换
            str[begin+end-k]=t;
        }
    }
    begin=end+1;                      //下一单词可能的开始下标
}
puts(str);
return 0;
}
```

将程序中 if 的子句改成下面的形式，可使执行交换操作的两个字符间的下标关系简单一些：

```
int m=begin,n=end;
for(m;m<n;m++,n--){
    char t;
    t=str[m];
    str[m]=str[n]; //
    str[n]=t;
}
```

习 题 9

1. 选择题

题号	（1）	（2）	（3）	（4）	（5）	（6）	（7）	（8）	（9）	（10）
答案	ABDE	DEFG	BCD	B	DEG	A	A	B	BD	C

解析：

（1）一个指针必须指向一个基类型相同的变量，若基类型不同则需进行强制类型转换；指针必须指向一个确切的地址；指针变量只有具有了确切的指向后才能使用*运算符。其他

几个选项中都是由于 pj=&c1 导致的错误，因为两个的基类型不同。

（2）H 中 a+7 等于 &a[7]，但 p[&a[7]]没有意义。

（3）p=a 后，使用 p 相当于使用 a。

另外：若有 a[ ]={0,1,2,3,4,5,6,7,8,9,10},*p=&a[1];则：

*p++;　是先取*p 的值，再将 p++；所以 printf("%d\n",*p);中此时的 p 指向 a[2]；

*++p;　是先 p++，再*p，则 p 指向 a[3]；所以 printf("%d\n",*p);中此时 p 指向 a[3]；

++*p;　是先取*p 的值，再将*p 的值加 1；所以 printf("%d\n",*p);中此时的 p 指向 a[3]。

（4）*pa++等价于先取*pa，再 pa=pa+1 即 pa 后移。

（5）D 中列下标越界；E、G 引用的是 a[2][2]的地址，F、H 引用的是 a[2][2]的值。

（6）二维数组可当做一维数组来对待。

（7）s+=2 则指针 s 指向原串中的'c'字符，即子串"cde"的地址。但前面的字符 a、b 的存储地址"丢失"。

（8）A 中是把申请得到的地址扩大了 2 倍。需牢记 malloc 函数的用法格式。

B 正确。

C 中的 4 是一个常量，而一个整数所占存储空间的大小不一定等于 4，正确的做法是通过 sizeof(int)获得。

D 中得到的首地址没有进行强制类型转换。

（9）A 完成了字符的复制，且复制了\0 字符，但丢失了字符串的首地址。

B 中完成了字符的复制，且在复制了\0 字符后循环条件不成立终止了循环。

C 中字符赋值没错，但不是地址增 1，是值增 1 了。

D 能完成串的复制，且在复制了\0 时终止循环，没有丢失串的首地址。

（10）p 是一个指针数组，p[0]指向串"6937"、p[1]指向"8254"，p[i][j]就是 a[i][j]。程序功能是取出二维数组中的相关字符组织成一个整数。字符 0 的 ASCII 码是 48。

2．编程题

（1）将首尾对应字符进行比较，注意比较次数。

```
#include<stdio.h>
#include<string.h>
int  main()
{
    char str[80];
    int len,i;
    printf("input a string:");gets(str);
    len=strlen(str);
    int flag=1;
    char *p=&str[len-1]; //可以不用 p，直接使用相应下标处的两个字符进行比较
    for(i=0;i<len/2;i++)
        if(str[i]==*p) p--;
        else{
            flag=0;
            break;
```

```
    }
    if(flag) printf("yes!\n");
    else printf("No!\n");
    return 0;
}
```

（2）使用模运算分离出一个整数各位置上的数字，再使用 i+'0'的方式将整型数字转换成数字字符。最先分离出的是个位，且放在数组下标 D 处，所以得到的字符串还需逆置。

```
#include<stdio.h>
#include<stdlib.h>
int  main()
{
    int x,len=0,i;
    char num[8],t;
    printf("input a integer x=");scanf("%d",&x);
    while(x>0){
        num[len++]=x%10+'0';
        x/=10;
    }
    num[len]=0; //必须在最后加上字符串的结束标记，才能构成字符串
    for(i=0;i<len/2;i++){ //逆置
        t=num[i];
        num[i]=num[len-1-i];
        num[len-1-i]=t;
    }
    puts(num);
    return 0;
}
```

本题若使用指针来实现，一种方法的代码如下：

```
#include<stdio.h>
#include<stdlib.h>
int  main()
{
    int x;
    char num[8],t;
    char*p;p=num;
    printf("input a integer x=");scanf("%d",&x);
    while(x>0){
        *p++=x%10+'0';
        x/=10;
    }
    *p=0;
    p--;                    //指向最后一个字符
    char *s=num;            //指向第一个字符
    for(;s<p;s++,p--){ //指针 s、p 同时变化。逆置
        t=*s;
        *s=*p;
```

```
        *p=t;
    }
    puts(num);
    return  0;
}
```

（3）定义字符指针数组，每个数组元素存储一个字符串，需给每个数组元素申请存储空间。

```
#include<stdio.h>
#include<malloc.h>
int  main()
{
    char *names[5];
    int i;
    for(i=0;i<5;i++)  {
        names[i]=(char*)malloc(21*sizeof(char));
        //每个姓名最长20个字符，再加上\0字符，共21个字节空间
        gets(names[i]);
    }
    puts("\n");
    for(i=0;i<5;i++)  puts(names[i]);
    return  0;
}
```

（4）可以把大写的数字汉字存储在一个字符串数组（或者字符指针数组）之中，实现整数与汉字的映射。

```
#include<stdio.h>
#include<string.h>
int  main()
{
    char *style[]={"零","壹","贰","叁","肆","伍","陆","柒","捌","玖"};
    char nums[10];          //存储输入的数字串，其最多存储9个数字
    char result[20]="";     //存储转换后的字符串，最多2×9个字符，9个汉字
    int i;
    printf("input nums="); scanf("%s",nums);
    i=0;
    while(nums[i]){
        strcat(result,style[nums[i]-'0']);    //使用串的连接，一个汉字占2 B
        i++;
    }
    puts("\n");
    puts(result);
    return  0;
}
```

（5）仿照主教材例题。

```
#include<stdio.h>
#include<stdlib.h>
int main(){
```

```
char **pA;
int i,j;
pA=(char **)malloc(7*sizeof(char*));
//申请7个存放字符指针的存储空间，返回第一个空间的首地址
pA[0]="Sunday";
pA[1]="Monday";
pA[2]="Tuesday";
pA[3]="Wednesday";
pA[4]="Thursday";
pA[5]="Friday";
pA[6]="Saturday";
for(i=0;i<7;i++){
    for(j=0;pA[i][j];j++) printf("%c",pA[i][j]);
    printf("\n");
}
/*上面的二重循环可改成下面的一重循环
for(i=0;i<7;i++)
    puts(pA[i]);
*/
return 0;
}
```

习 题 10

1. 选择题

题号	（1）	（2）	（3）	（4）	（5）	（6）	（7）	（8）	（9）	（10）
答案	B	B	A	C	C	D	A	D	A	A
题号	（11）	（12）	（13）	（14）	（15）	（16）	（17）	（18）	（19）	（20）
答案	D	C	A	A	B	D	A	A	C	C

解析：

（1）标准函数由 C 语言编译系统提供，用户必须包含对应头文件才能引用相关标准函数；用户自定义函数的函数名不是不能与标准函数同名，只是为了避免引起歧义。

若用户自定义了函数，且它与标准函数同名，在自定义函数的作用域内，引用的必定是自定义函数。选择 B。

标准函数所属的头文件，用户必须主动使用包含指令，不存在自动嵌入头文件的概念。

（2）函数的定义不能嵌套，但函数的声明可以嵌套，且这种嵌套实际上是限定了自定义函数的作用域。选择 B。

（3）函数中的 return 起到返回运算结果的作用。若不需要返回任何值则 return 可以省略；或者使用 return;即 return 后不跟任何值，也就是与函数首部的 void 呼应。

函数的类型由函数首部指定的类型决定，return 后值的类型与其不一致时可能出错。选择 A。

（4）函数的首部即是函数的原型。它包括函数返回值类型、函数名、参数列表三者，参数列表由所有参数的类型名依次构成，参数的名称可以不出现、因为它成为形式参数。选择 C。

（5）A 中 z 的类型不确定，B 中参数 y 未指定类型，局部变量 z 没赋值导致其值不确定，D 中局部变量 z 的值不确定。C 中函数的返回值类型缺省为 int，return 的也是 int，所以选择 C。

（6）函数被调用时，实参与形参的个数必须一致，类型上满足赋值兼容。因为是实参赋值（传值）给形参，即实参与形参的类型完全一致或者实参经自动类型转换后能与形参的类型一致。选择 D。

（7）实参、形参是两个概念，它们只是传递值、它们各自的地址（占用的存储空间）是不同的。选择 A。

（8）不同的作用域中是可以使用同名变量的，或者说同名的变量必然具有不同的作用域。变量的作用域常通过复合语句来限定。一个函数的形参可认为是该函数的局部变量。选择 D。

（9）可认为数组名就是一个地址常量、一个常指针，不可改变数组的地址，但可改变存储单元中的值。数组名做参数传递的就是一个地址、该数组的首地址。选择 A。

（10）auto 可缺省。选择 A。

（11）选择 D。

（12）C 语言规定：命令行参数包括命令本身以及其后内容，各自使用一个多或多个空格分隔。选择 C。

（13）fun( )函数的作用是求 1+4+7+10+…，注意 i++、i+=2 的执行时机、次序。选择 A。

（14）自定义函数 fun( )的功能是求 x、y 的最大公约数。认真手工执行代码。选择 A。

（15）自定义函数的功能是删除原串中的字符 c。选择 B。另外，主函数中不能将数组 str 改成指针*str，因为不能修改指针指向的字符串常量，而数组中存储的则是字符组成的字符串。

（16）选择 D。分清全局变量、局部变量。

（17）选择 A。

（18）选择 A。搞清 static 型变量的特点：保留上一次的值，直到程序结束；或者说只会被初始化一次。

（19）选择 C。使用了指针数组、二级指针。但若将指针数组改成二维数组，这一点没错，但 p 的类型就需要修改了。

（20）选择 C。使用了递归。若将递归函数中的第一个 putchar(c);去掉，结果会不同。

2．填空题

题号	答　　案
（1）	2
（2）	单向

题号	答　　案
（3）	1,2 in fun:2,1 1,2
（4）	-301
（5）	110
（6）	a[k]=a[k-1] a　　i　　a[i]
（7）	(*count)++　　　&count
（8）	(*len1)++　　(*len2)++　　　&len1　　　&len2
（9）	strlen(s) len1++　　　　len2++　　　　len3++ d1[len1]=0　　d2[len2]=0　　d3[len3]=0
（10）	[3][2]　　　[j][i]　　　或者　　　[][2]　　　[j][i] b
（11）	a[i][j]　　j a[i][j]　　i i col flag=1
（12）	auto
（13）	extern
（14）	m=5,p=6;i=5,p=7
（15）	---14 ---29 k=30 a=1

解析：

（1）两个参数都使用了逗号运算符。

（2）总是单向的。不管传值还是传址，实参的值和地址都不会发生变化，只是传址时地址对应存储单元中的值可以改变，从而改变实参的值。

（3）swap()函数中三条赋值语句的功能是交换两个数的值。

通过传值的方式、调用 swap()函数不能达到交换实参的值。但在 swap()函数内可实现交换操作，即在 swap()内 a 和 b 的值实现了交换，但离开了 swap()，其 a、b 的作用域结束了、值也消失了，所以 main()中的 a、b 仍保持着原值。

（4）change()函数的功能是将整数 n 的各位分离出来、转换成数字字符、逆序输出。使用了递归。

（5）change()这是一个递归函数。功能是求一个正整数的二进制值。若将 change(x/2)放到 if…else…if 之后，结果如何？

（6）实现了直接插入排序算法。要明晰 insertSort()函数中各参数的意义，其功能是一次插入一个元素到其最终位置。

（7）使用了指针作参数，通过 count 则可以返回新值。记住一点：凡希望通过函数调用改变一个变量的值，或是得到一个新值，对应参数都必须使用指针型的。数组作参数时，一般需要使用 2 个参数（数组名、数组元素个数）来完整表达数组这一概念。

（8）要实现数组的分离，需要已知原数组、得到 2 个新数组，共 3 个数组，所以需要 6 个参数。

（9）一个原串、3 个目标串，都需要知道开始地址、串长，但串长可以通过比较最后的'\0'得到。或者说知道了一个字符串的开始地址，通过计数以及比较可得到它的实际字符个数，所以，每个串只需存储它的开始地址，而不需存储其串长，即 4 个字符串对应 4 个字符指针型参数。

（10）矩阵转置，就是将 a[i][j]与 a[j][i]这一对元素交换。矩阵可使用二维数组或者指针数组存储。

（12）（13）考查变量的存储类型及特点。

（14）涉及全局变量、局部变量、自增自减运算，参数传递等。

（15）涉及全局变量、局部变量、自增自减运算，参数传递、static 型变量等。

3．编程题

（1）算法思想是：先假设最大值、次大值；再循环比较，即若比最大值还大则最大值变成了次大值，当前数组元素成为新的最大值；若比最大值小则只需与次大值进行比较，进而决定是否替换次大值。

若按以前的方法（第 7 章中的例 7-2），对一些特殊的序列（如第一个数就是最大值、有多个相等的最大值）则存在 bug。使用下面的方法则能有效避免 bug（除数组的第一个、第二个元素相等且就是最大值外），特别是代码中嵌套的 if 语句。

下面代码的主要思路是：

先假定第一个数是最大值、第二个数是次大值，若它们逆序则交换这两个元素的值。交换操作使用自定义函数实现。

再循环比较：若比最大值还大则最大值变成了次大值、当前数组元素是新的最大值；若比最大值小，则它有可能比次大值大，再进一步进行比较，若比次大值大且与最大值不相等则替换次大值。

最后输出次大值。

```c
#include<stdio.h>
#include<stdlib.h>
void swap(int *a,int *b){
    int t;
    t=*a; *a=*b;*b=t;
}
int cal2Max(int a[],int n){
    int max1,max2;
    int i;
    max1=a[0],max2=a[1];
    if(max1<max2) swap(&max1,&max2);
    for(i=2;i<n;i++)
```

```
        if(a[i]>max1){max2=max1;max1=a[i];}
        else if(a[i]>max2&&max1!=a[i])max2=a[i];
    return max2;
}
int main(){
    int a[]={3,5,7,9,8,10,6,2,4,1},n=10;
    int max2=cal2Max(a,n);
    printf("max2=%d\n",max2);
    return 0;
}
```

（2）所谓二分法就是取[1,2]的中点 mid，判断方程的根是在[1,mid]还是[mid,2]范围内，如此循环，直到 f(x)接近于 0 为止。如何判断根在哪个范围内呢？根据数学函数在[x1,x2]范围内单调、若 f(x1)·f(x2)<0 则必与 X 轴有交点，交点就是方程的根。只是根是近似的，是通过中点来逼近、近似求解。

```
#include<stdio.h>
#include<math.h>
double fun(double x){
    return x*x*x-x*x-1;
}
double calX(double x1,double x2){
    double mid;
    double y;
    do{
        mid=(x1+x2)/2;
        y=fun(mid);
        if(fun(x1)*y<0){x2=mid;}
        else x1=mid;
    }while(fabs(y)>1e-6);
    return mid;
}
int main(){
    double x1=1,x2=2;
    double x=calX(x1,x2);
    printf("x=%f\n",x);
    return 0;
}
```

（3）基本方法是将对应字符进行比较：相等则比较一下对应字符；不等则需要回溯，即子串又需从下标为 0 的开始，而主串需适当减小，具体参见自定义函数中 else 的子句。

```
#include<stdio.h>
#include<string.h>
int getIndex(char str[],char substr[]) //字符串，不需字符个数做参数
{
    int i=0,j=0;
    int len=strlen(str),len2=strlen(substr);
    while(i<len && j<len2)
    {
```

```
        if(str[i]==substr[j])
        {
            i++,j++;
        }
        else
        {
            i=i-(j-1);   //i后退，子串的前j-1个已相等、所以是i-(j-1)
            j=0;
        }
    }
    if(j==len2) //找到了，则子串的所有字符已全比较了、已到字符串结束标记
    {
        return i-j;
    }
    return -1;  //未找到子串
}
int main()
{
    char str[]="acaabcbca";
    char substr[]="abc";
    printf("%d\n",getIndex(str,substr));
}
```

（4）主要考虑参数的合法性。在参数合法的情况下进行字符复制，注意相关字符的下标，在结果字符数组的相应下标处加上"\0"形成字符串。

```
#include<stdio.h>
#include<string.h>
void getSubStr(char str[],int start,int len,char result[]){
//考虑参数的合法性
    if(start<0 || len<1 ||start+len>strlen(str)) {
        printf("Parameter is invalid!\n");
        return ;
    }
    int i;
    for(i=0;i<len;i++)
        result[i]=str[start+i];
    result[i]=0;
}
int main()
{
    char str[]="0123456789";
    char result[100];
    int start=3,len=8;
    getSubStr(str,start,len,result);
    printf("%s\n",result);
}
```

（5）程序中使用了若干自定义函数以及库函数。程序的基本思想是：

先在 str 中定位子串 u 的位置；再将 u 之前的所有字符取出来组成子串放入 result 中，将 u 之后的字符组成的字符串放入 subStr 中；再将 result 与 v 进行连接；再将 result 与 subStr 连接；得到的 result 就是最后的结果。本方法略作修改可实现替换 str 中所有的子串 u。对照实例更易理解本题的算法。

```c
#include<stdio.h>
#include<string.h>
void getSubStr(char str[],int start,int len,char result[]){
    int i;
    for(i=0;i<len;i++)
        result[i]=str[start+i];
    result[i]=0;
}
int getIndex(char str[],char substr[])
{
    int i=0,j=0;
    int len=strlen(str),len2=strlen(substr);
    while(i<len && j<len2)
    {
        if(str[i]==substr[j])
        {
            i++,j++;
        }
        else
        {
            i=i-(j-1);   //i后退，子串的前j-1个已相等，所以是 i-(j-1)
            j=0;
        }
    }
    if(j==len2) //找到了，则子串的所有字符已全比较了，已到字符串结束标记
    {
        return i-j;
    }
    return -1;  //未找到子串
}

int main()
{
    char str[100]="23405123678901234 56";
    char u[]="123";
    char v[]="abcd";
    char result[100]={0};//结果串
    char subStr[100];
    //从 str 的下标为 0 的字符开始，取连续的 i 个字符构成字符串 substr

    int i=getIndex(str,u);//定位子串 u 在主串中的位置
    if(i>=0){
```

```
        getSubStr(str,0,i,subStr);
        //连接两个字符串,即将 str 中 u 之前的子串截取下来放入 result 中
        strcat(result,subStr);
        strcat(result,v); //连接,完成替换
        //截取 str 中剩余字符到 subStr 中
        getSubStr(str,i+strlen(u),strlen(str)-i-strlen(u),subStr);
        strcat(result,subStr);
    }
    printf("%s\n",result);
}
```

（6）算法与上一题相似。自定义函数不变，只需对主函数略作修改。main()函数如下：

```
int main()
{
    char str[100]="2340512367890123456";
    char u[]="123";
    char v[]="abcd";
    char result[100]={0};//结果串
    //定位子串 u 在主串中的位置
    char subStr[100];
    //从 str 的下标为 0 的字符开始,取连续的 i 个字符构成字符串 substr
    int i=getIndex(str,u);
    while(i>=0){
        getSubStr(str,0,i,subStr);
        //连接两个字符串,即将 str 中 u 之前的子串截取下来放入 result 中
        strcat(result,subStr);
        strcat(result,v); //连接,完成替换
        //截取 str 中剩余字符到 subStr 中
        getSubStr(str,i+strlen(u),strlen(str)-i-strlen(u),subStr);
        strcpy(str,subStr); //复制余下的子串 substr 到 str 中,利于下次循环
        i=getIndex(str,u);
    }
    strcat(result,str);
    printf("%s\n",result);
}
```

（7）本题基本思路是：先定义 2 个字符串数组，分别表示 0～9 对应的汉字串、单位串。因为一个汉字是 2 个字符，且汉字串中各汉字的值与其下标值对应，即“零”放在下标为 0 的位置、“玖”放在下标为 9 的位置。

将输入的整数 x，利用库函数 itoa 转换成数字形式的字符串，并求得其串长。

接下来就是循环了：取数字串的每个字符且映射成下标，若它不是 0，则将其直接与结果串连接，再与对应单位连接，再将 count=0；若它是第一个 0，则将结果串与“零”连接，且将 count=1；若连续出现多个 0，则不做任何操作。保证连续的多个“零”只输出一次，且“零”不能带单位。

程序还需考虑最后一位是 0 的情况，因为这个“零”不能输出。（下面的代码没考虑，程序需修改。）

注意下标的对应关系。

```c
#include<stdio.h>
#include<stdlib.h>
#include<string.h>
void change(int x,char *resultStr){
    char *digitStr[]={"零","壹","贰","叁","肆","伍","陆","柒","捌","玖"};
    char *unitStr[]={"万","仟","佰","拾",""};

    char tStr[10];
    itoa(x,tStr,10);
    int len=strlen(tStr);
    int count=0,i;
    for(i=0;i<len;i++){
        int number=tStr[i]-'0';
        if(number!=0){
            strcat(resultStr,digitStr[number]);//与大写数字串连接
            strcat(resultStr,unitStr[5-len+i]);//与单位连接
            count=0;
        }
        else if(count==0){
            strcat(resultStr,digitStr[number]);//与大写数字串连接
            count=1;
        }
        else ;   //可去掉该else;
    }
}
int main(){
    int x;
    char resultStr[100]="";    //须赋值为空串
    printf("input x=");scanf("%d",&x);
    change(x,resultStr);
    printf("%s\n",resultStr);
    return 0;
}
```

程序还需考虑最后一位是 0 的情况，因为这个 "零" 不能输出。修改自定义函数中 for 的循环体如下即可。

```c
int number=tStr[i]-'0';
if(number!=0){
    if(count!=0) strcat(resultStr,"零");
        strcat(resultStr,digitStr[number]);//与大写数字串连接
        strcat(resultStr,unitStr[5-len+i]);//与单位连接
        count=0;
}
else if(count==0){
    count=1;
}
```

（8）算法思路是：使用自定义函数 split() 将 x 分解，各位数字放入一个整型数组 a 中；对数组 a 进行选择排序，形成一个非递减序列；对数组 a 求组成的最大值；对数组 a 求组成的最小值；求最大最小值的差，将差赋值给 x。重复上面的步骤 100 次，或者相邻两次的差值相等时终止循环。最后输出差值。

```c
#include<stdio.h>
#include<stdlib.h>
#include<string.h>
void sort(int a[],int len){//对数字组成的数组进行选择排序
    int minIndex,t,i,j;
    for(i=0;i<len-1;i++){
        minIndex=i;
        for(j=i+1;j<len;j++)
            if(a[minIndex]>a[j]) minIndex=j;
        if(minIndex!=i){
            t=a[minIndex];
            a[minIndex]=a[i];
            a[i]=t;
        }
    }
}
void split(int x,int a[],int*plen){  //分离 x 组成数组 a
    *plen=0;
    while(x>0){
        a[(*plen)++]=x%10;
        x/=10;
    }
}
int calMax(int a[],int len){            //求数组 a 构成的最大整数
    int max=0,i;
    for(i=0;i<len;i++)
        max=max*10+a[len-1-i];
    return max;
}
int calMin(int a[],int len){            //求数组 a 构成的最小整数
    int min=0,i;
    for(i=0;i<len;i++)
        min=min*10+a[i];
    return min;
}
int main(){
    int x;
    printf("input x in(1000,9999):");
    scanf("%d",&x);
    int delta;
    int a[100],len=0;
    int count=0;
```

```
    do{
        split(x,a,&len);
        sort(a,len);
        delta=calMax(a,len)-calMin(a,len);
        printf("%d,",delta);
        x=delta;
        count++;
    }while(count<100);
    printf("\nThe black-hole is %d\n",delta);
}
```

（9）通过减小数组的长度来实现递归。

```
#include<stdio.h>
int calSum(int a[],int len){
    if(len==1) return a[0];
    else return a[len-1]+calSum(a,len-1);
}
int main(){
    int a[]={1,3,5,7,9,10,8,6,4,2};
    int len=10;
    int sum=calSum(a,len);
    printf("Sum=%d\n",sum);
}
```

递归函数 calSum( )也可以写成下面的形式：

```
int calSum(int a[],int len){
    int sum=0;
    if(len==1) sum=a[0];
    else sum=a[len-1]+calSum(a,len-1);
    return sum;
}
```

（10）方法一，递归法算法思想：

输入自然数 n，设组成的新数是 $n_i n_{i-1} \ldots n_1 n$；

如果 n 等于 0，程序结束，n 不等于 0，在其左边添加的数是 n_1、满足 $1 \leqslant n_1 \leqslant n/2$；
n_1 又作为新的自然数，对 n_1 运用上面的方法。

程序代码如下。

```
#include<stdio.h>
int count=0;
void left(int n)
{
    int n1;
    if(n>0)
    {
        count++;
        for(n1=1; n1<=n/2; n1++)  left(n1);
    }
}
```

```
int main()
{
    int n;
    scanf("%d",&n);
    left(n);
    printf("count=%d\n",count);
}
```

方法二，递推法算法思想：根据题意可得出递推公式 f(n)=f(1)+f(2)+⋯+f(n/2)。

列举几个示例：

n=0、1 时，答案显然是 1；

n=2、3 时，答案是 2；

n=4、5 时，答案是 4；

n=6、7 时，答案是 6。

所以，当 n 为奇数时，f(n)=f(n−1)；当 n 为偶数时，f(n)=f(n−1)+f(n/2)。

```
int f[1001];
int main()
{
    int n;
    scanf("%d",&n);
    f[1]=1;
    for(int i=2;i<=n;i++)
    {
        f[i]=f[i-1];
        if(i%2==0)
            f[i]+=f[i/2];
    }
    printf("%d\n",f[n]);
    return 0;
}
```

习　题　11

1．选择题

题号	（1）	（2）	（3）	（4）	（5）
答案	D	B	D	A	BC

解析：

（1）宏定义是用一个宏名（标识符）代替一串符号，对符号中的内容不做语法检查。所以，一串符号可以是任意内容。预处理命令是在程序编译时完成的，因而增加了程序编译的时间，对程序运行时间没有影响。#作为特殊字符，是预处理命令的标志。选择 D。

（3）include、define 不是标准标识符，可称为伪标准标识符，是预处理命令，但必须与#连用。所以它们都可以作为用户自定义标识符，但不常用，以免歧义。选择 D。

（4）其中的宏定义被替换成 a+b++。选择 A。

（5）编译时 z=2*y(3)被替换成 z=2*(3*(1+2))，结果是 18；而后者则是 z=2*(3*1+2)，结果是 10。宏定义在程序编译时是完成替换，不是计算。

2．程序调试题

略。

习 题 12

1．选择题

题号	（1）	（2）	（3）	（4）	（5）	（6）	（7）	（8）	（9）	（10）
答案	AB	C	C	ABD	C	BC	B	C	EABCD	C

解析：

（1）对于同一类型所占内存空间的大小，不同的机型，编译系统可能是不同的，应该使用 sizeof 来求解。结构体是所有成员所占空间的总和，但也不一定等于结构体中各个成员各自所占存储空间的累加，因为其存储存在紧凑、优化的机理。所以一定是使用 sizeof 运算符来求解。

共用体则是成员中占空间最多的那个的值。分别选择 A、B。

（2）struct 是关键字，这种方式的声明表示 struct stu 是类型名，stuType 是声明的变量名。选择 C。

（3）搞清复杂类型定义、变量声明、类型重定义的方式。

A 中 typedef 是关键字，struct aType 是定义的类型名，AType 是重定义的类型名、tx1 是变量名。

B 中第一行是宏定义，对第二行进行宏替换后呈现的就是类型定义及变量声明。

C 中前者是省略了类型名的类型定义和变量声明，aa 是变量名，后者是错误的。

D 中前者是省略了类型名的类型定义和变量声明，tx1 是变量名。

（4）stu1、p 分别是结构体变量名、结构体指针变量。通过结构体变量访问其成员使用，作为两者的连接符。可使用 stu1.age。

通过指针访问成员则有两种方法。一是先取指针内的值，得到结构体，再通过结构体访问成员；可使用(*p).age，不能掉了括号。二是通过指针访问成员的专用连接符->，如 p->age。

（5）需理解三个输出语句中 p 指针的正确指向。

++p->n 是先 p->n，再对 n 值自增。也就是++(p->n)，即"->"优先级高。结果是 10+1。

(++p)->n 是 p 自增，指向了 d[1]，再取其 n 值。结果是 20。

++(p->c)是先取 p 指示的 d[1]的成员 c 的值，再将 c 的值自增。p->c 是一个地址、等于&的&d[1]，自增后应该是&d[2]。值是字符 c。

（6）A 中 p->name 的值是一个字符指针，也就是字符串"zhang"的首地址。

B 表达式错误。

C 中*p->name+2 等价于(*(p->name))+2，等于'z'+2。

D 中*(p->name+2)，p->name 是"zhang"中'z'的地址，再加 2，就是'a'的地址。所以结果是字符'a'。

（7）若自定义函数没有参数，则 t 的两个成员都会变化。选择 B。

（8）选择 C。注意 typedef 的语法。

（9）注意共用体的特点。对一个成员的赋值会覆盖其余成员的值，且各成员所占字节数也随其类型的变化而变化。对于 uVar.i=65400 后，uVar.c 则只取最低一个字节的值，uVar.s 则只取最低 2 个字节的值，再按 int 型输出，uVar.f 则只取最低 4 个字节的值，且按单精度浮点数存储的规则取值。

（10）枚举类型的序号依次递增，可指定序号，也必须是增加的。A0 的序号是 0，A1 的是 1，A3、A4、A5 的依次是 6、7、8。枚举值输出时按整型输出、且是它对应的序号。选择 C。

2．编程题

（1）各函数的功能说明：

STUType inputAStu()：从键盘输入一条学生记录，返回该记录的值。

double calAve(STUType stuArray[],int n)：求 n 条记录的成绩之和，再返回平均成绩。

double calMid(STUType stuArray[],int n)：求成绩的中位数（需先按成绩进行排序），再分记录数为奇数、偶数分别求解。记录数为偶数时中位数等于中间两个的平均值。

void calMinMax(STUType stuArray[],int n,int *pMin,int*pMax)：求 n 个成绩的最小值、最大值，成绩通过函数的参数返回、使用的是指针型参数。

```c
#include<stdio.h>
#include<stdlib.h>
struct stuType{
    char id[11];
    int score;
};
typedef struct stuType STUType;
STUType inputAStu(){
    STUType stu;
    printf("please input id:\t");
    scanf("%s",stu.id);
    printf("please input score:\t");
    scanf("%d",&stu.score);
    return stu;
}
void show(STUType stui){
    printf("\tid=%s,score=%d\n",stui.id,stui.score);
}
double calAve(STUType stuArray[],int n){
    int i;
    double ave=0;
```

```
        for(i=0;i<n;i++)
            ave+=stuArray[i].score;
        ave/=n;
        return ave;
    }
    void swap(STUType *stu1,STUType *stu2){//交换
        STUType temp;
        temp=*stu1;
        *stu1=*stu2;
        *stu2=temp;
    }

    void sortByScore(STUType stuArray[],int n){
                        //按成绩进行选择排序，得到递增序列
        int i,j;
        for(i=0;i<n-1;i++){
            int tNo=i;
            for(j=i+1;j<n;j++)
                    if(stuArray[tNo].score>stuArray[j].score)
                        tNo=j;
            if(tNo!=i)swap(&stuArray[tNo],&stuArray[i]);
        }
    }
    double calMid(STUType stuArray[],int n){
        sortByScore(stuArray,n);
        if(n%2==1) return stuArray[n/2].score;
        else return (stuArray[n/2].score+stuArray[n/2-1].score)/2.0;
    }
    void calMinMax(STUType stuArray[],int n,int *pMinOrder,int*pMaxOrder){
        *pMinOrder=0;
        *pMaxOrder=1;
        if(stuArray[0].score>stuArray[1].score){
            *pMinOrder=1;
            *pMaxOrder=0;
        }
        int i;
        for(i=2;i<n;i++)
            if(stuArray[*pMinOrder].score>stuArray[i].score)
                *pMinOrder=i;
            else if(stuArray[*pMaxOrder].score<stuArray[i].score)
                *pMaxOrder=i;
    }
    #define N  10
    int  main(int argc,char*argv[])
    {
        STUType stuArray[N];
        int i;
```

```
    for(i=0;i<N;i++) stuArray[i]=inputAStu();
    double ave=calAve(stuArray,N);
    printf("ave=%f\n",ave);
    int minOrder,maxOrder;
    calMinMax(stuArray,N,&minOrder,&maxOrder);
    printf("The record of minscore is:\n");
    show(stuArray[minOrder]);
    printf("The record of maxscore is:\n");
    show(stuArray[maxOrder]);
    double mid=calMid(stuArray,N);
    printf("mid=%f\n",mid);
    return 0;
}
```

（2）程序通过多函数调用来实现相关功能。

GoodsType inputAGoods()：实现一条记录的键盘输入。其中使用了 fflush(stdin)，实现键盘缓冲区清空、避免混合输入对相关数据的影响。

void showHeader()：输出表头。实现格式化输出，使得输出的数据美观。

void showAGoods(GoodsType aGoods：格式化输出一条记录。

void calTotal(GoodsType goodsArray[],int n)：计算每条记录中的销售额。

void swap(GoodsType *goodsA,GoodsType *goodsB)：实现交换两条记录。参数必须使用指针类型。

void sortById(GoodsType goodsArray[],int n)：使用冒泡排序的方式，实现按 ID 降序排列。

void sortByTotal(GoodsType goodsArray[],int n)：使用冒泡排序的方式，实现按销售额降序排列。

```
#include<stdio.h>
#include<stdlib.h>
#include<string.h>
typedef struct goods{
    char id[6];
    char name[11];
    float price;        //单价
    int count;          //销量
    float total;        //销售额
}GoodsType;
GoodsType inputAGoods(){
    GoodsType aGoods;
    printf("input id:");    scanf("%s",aGoods.id);  fflush(stdin);
    printf("input name:");  scanf("%s",aGoods.name);fflush(stdin);
    printf("input price:"); scanf("%f",&aGoods.price);fflush(stdin);
    printf("input count:"); scanf("%d",&aGoods.count);fflush(stdin);
    printf("--------------------------\n");
    return aGoods;
}
```

```
void showHeader(){

printf("%10s%15s%10s%8s%12s\n","ID","Name","Price","Count","Total");
}
void showAGoods(GoodsType aGoods){
    printf("%10s",aGoods.id);
    printf("%15s",aGoods.name);
    printf("%10.2f",aGoods.price);
    printf("%8d",aGoods.count);
    printf("%12.2f\n",aGoods.total);
}
void calTotal(GoodsType goodsArray[],int n){
    int i;
    for(i=0;i<n;i++)
        goodsArray[i].total=goodsArray[i].price*goodsArray[i].count;
}
void swap(GoodsType *goodsA,GoodsType *goodsB){
    GoodsType t;
    t=*goodsA;
    *goodsA=*goodsB;
    *goodsB=t;
}
void sortById(GoodsType goodsArray[],int n){             //冒泡排序
    int i,j;
    for(i=0;i<n-1;i++){
        for(j=0;j<n-i-1;j++){
            if(strcmp(goodsArray[j].id,goodsArray[j+1].id)<0)
                swap(&goodsArray[j],&goodsArray[j+1]);    //小的下沉
        }
    }
}
void sortByTotal(GoodsType goodsArray[],int n){          //冒泡排序
    int i,j;
    for(i=0;i<n-1;i++){
        for(j=0;j<n-i-1;j++){
            if(goodsArray[j].total<goodsArray[j+1].total)
                swap(&goodsArray[j],&goodsArray[j+1]);//小的下沉
        }
    }
}
#define N 4
int main(){
    GoodsType goodsArray[N];
    int i,n=N;
    for(i=0;i<n;i++)goodsArray[i]=inputAGoods();
```

```
    calTotal(goodsArray,n);

    sortById(goodsArray,n);
    printf("Sorted by Id: \n");    showHeader();
    for(i=0;i<n;i++)showAGoods(goodsArray[i]);
    printf("\n----------------\n");
    sortByTotal(goodsArray,n);
    printf("Sorted by Total: \n");    showHeader();
    for(i=0;i<n;i++)showAGoods(goodsArray[i]);
    return 0;
}
```

（3）定义一个枚举类型且用 typedef 进行类型重定义，省略了类型名，后面直接使用重定义的类型名；使用 5 个单分支的 if 语句进行判断处理，给 season 赋值；最后使用 switch…case 语句进行季节的判断及输出。

```
#include<stdio.h>
#include<stdlib.h>
typedef enum {Spring=1,Summer,Autumn,Winter}seasonType;
int main(){
    seasonType season;
    int month;
    printf("input 1～12 for month:");
    scanf("%d",&month);
    if(month>=1&&month<=3)season=1;
    if(month>=4&&month<=6)season=2;
    if(month>=7&&month<=9)season=3;
    if(month>=10&&month<=12)season=4;
    if(month<1 ||month>12){printf("month is error!\n");return -1;}
    switch(season){
        case 1:printf("Spring!\n");break;
        case 2:printf("Summer!\n");break;
        case 3:printf("Autumn!\n");break;
        case 4:printf("Winter!\n");break;
    }
    return 0;
}
```

习　题　13

1. 阅读题

图中，head 是链表的头结点。

（1）p 指向头结点的后继，即 p 指向链表的真正第一个结点。结果如下图所示。

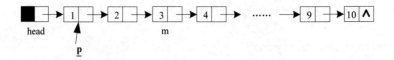

（2）q 指向 p 的后继。结果如下图所示。

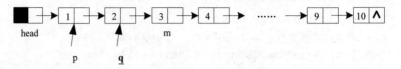

（3）r 指向 q 的后继，且修改其 data 域为 1。结果如下图所示。

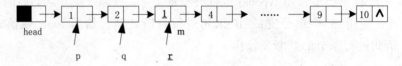

（4）将所有结点的 data 域改为原值的 2 倍。Head、p 的指向不变，通过 t 来遍历整个链表。结果如下图所示。

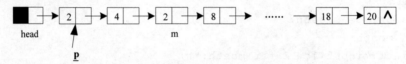

（5）除最后一个结点外，将所有结点的 data 域改为原值的 2 倍。最后，t 指向最后一个结点。结果如下图所示。

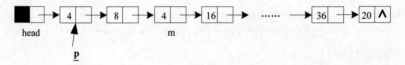

（6）将最后一个结点与第一个结点链接起来，形成一个环。结果如下图所示。

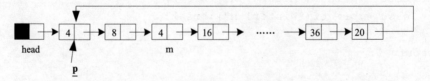

（7）将 p、m（包括 m）之间的结点删除，重新构成一个循环链表。结果如下图所示。

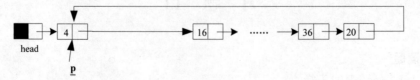

（8）在 p 之后插入一个新结点。结果如下图所示。

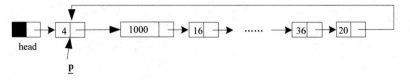

2．编程题

（1）头插法建立链表，则最后新建的结点才是链表的第一个元素；尾插法则第一次建立的结点就是链表的第一个结点。注意结点的链接。

```c
#include<stdio.h>
#include<stdlib.h>
#define NULL 0
typedef struct node{
    int data;
    struct node*next;
}*LinkList;
//头插法即倒着建立链表
LinkList create1(int data[],int n){//n应该大于等于1
    LinkList head,p=NULL;
    int i=0;            //
    do{
        head=(LinkList)malloc(sizeof(struct node));
        head->data=data[i];
        head->next=p;
        p=head;
        i++;
    }while(i<n);
    return head;
}
//尾插法，建立带头结点的链表
LinkList create2(int data[],int n){
    LinkList  head,p;
    head=(LinkList)malloc(sizeof(struct node));
    head->data=data[0];
    head->next=NULL;
    p=head;
    int i=1;            //
    for(;i<n;i++){
        p->next=(LinkList)malloc(sizeof(struct node));
        p->next->data=data[i];
        p->next->next=NULL;
        p=p->next;
        /*或者使用下面的几条语句替换上面的 4 条语句：
        LinkList s=(LinkList)malloc(sizeof(struct node));
        s->data=data[i];
        s->next=NULL;
        p->next=s;
```

```
            p=s;
            */
        }
        return head;
    }
    void show(LinkList head){
        LinkList p=head;
        while(p){
            printf("%d,",p->data);
            p=p->next;
        }
    }

    int main(){
        int data[]={1,2,3,4,5,6,7,8,9,10};
        LinkList head;
        head=create2(data,10);
        show(head);
        return  0;
    }
```

（2）链表的合并，需要三步：一是遍历第一个链表、找到其尾部；二是将尾部与第二个链表的第一个元素链接；最后是返回第一个链表的第一个结点，即头结点。

```
#include<stdio.h>
#include<stdlib.h>
#define NULL 0
typedef struct node{
    int data;
    struct node*next;
}*LinkList;

//尾插法建立链表
LinkList create(int data[],int n){
    LinkList  head,p;
    head=(LinkList)malloc(sizeof(struct node));
    head->next=NULL;
    p=head;
    int i=0;
    for(;i<n;i++){
        p->next=(LinkList)malloc(sizeof(struct node));
        p->next->data=data[i];
        p->next->next=NULL;
        p=p->next;
        /*或者使用下面的几条语句替换上面的 4 条语句：
        LinkList s=(LinkList)malloc(sizeof(struct node));
        s->data=data[i];
        s->next=NULL;
        p->next=s;
```

```
            p=s;
            */
        }
        return head;
    }
    void show(LinkList head){
        LinkList p=head->next;
        while(p){
            printf("%d,",p->data);
            p=p->next;
        }
    }
    void merge(LinkList head1,LinkList head2){
        LinkList p=head1;
        while(p->next) p=p->next; //注意此处的循环条件
        p->next=head2->next;
        free(head2);
    }

    int main(){
        int data1[]={1,2,3,4,5,6,7,8,9,10};
        int data2[]={11,22,33,44,55};
        LinkList head1,head2;
        head1=create(data1,10);
        head2=create(data2,5);
        merge(head1,head2);
        show(head1);
        return  0;
    }
```

（3）算法思路：

首先，定义数据类型。链表中每个结点至少包含 2 个数据域：一个是代表当前人的编号，一个是代表后继结点的指针域。

第二，建立一个首尾相连的链表，即循环链表。具体实现方法是：在原单链表的基础上，将它的最后一个结点的 next 指针域指向第一个结点即可，只需一个赋值语句就可实现。

第三，计数，删除元素……直到循环链表中只剩一个结点为止。涉及的主要是判断、删除两种操作。

```
//程序代码如下
#include<stdio.h>
#include<stdlib.h>
typedef  struct  Lnode{
      int  data;
      struct  Lnode  *next;
}Lnode, *CycleList;

//建立一个没有头结点的循环链表，结点个数 n 至少大于 1
```

```
void  create(CycleList&L, int *a, int  n)
{
      CycleList  p,s;
      int  i;
      L=(CycleList)malloc(sizeof(Lnode));
      L->data=a[0];
      L->next=L;
      p=L;                        /*建立了第一个结点*/
      for(i=1;i<n;i++)            /*建立其余的 n-1 个结点*/
          {
          s=(CycleList)malloc(sizeof(Lnode));
          s->data=a[i];
          p->next=s;
          s->next=L;        /*形成环*/
          p=s;
          }
}


//遍历循环链表中的元素
void  show(CycleList  L)
{
      CycleList  p=L;
      do{
          printf("%d  ",p->data);
          p=p->next;
      }while(p!=L);
}


//计数，删除循环链表中数到 k 的元素
void  joseph(CycleList&L, int  k)
{
      CycleList  p,q;
      p=L;
      int  i=1;
      while(i<k)
   {
          i++;
          q=p;
          p=p->next;
      }
      q->next=p->next;
      printf("%d  ",p->data);
      free(p);
      L=q->next;
}
```

```
int  main()
{
     CycleList  L;
     int  n=10;
     int  a[10]={1,2,3,4,5,6,7,8,9,10};
     create(L,a,n);
     show(L);                    /*遍历循环链表，检验建立是否正确*/
     printf("\n------------------\n");
     int  k;
     printf("k=");  scanf("%d",&k);
     printf("\n 清除出循环队伍的元素依次是：\n");
     do{
         joseph(L,k);
     }while(L->next!=L);
     printf("%d\n",L->data);     /*输出最后出列元素的 data 域*/
     return 0;
}
```

习　题　14

1．选择题

题号	（1）	（2）	（3）	（4）	（5）	（6）	（7）	（8）	（9）	（10）
答案	AD	D	BC	B	D	B	C	C	A	A

解析：

（1）操作系统中给硬件设备一个文件名，以利于管理。stdin、stdout 叫标准设备文件名，分别指键盘、显示器。选择 A 和 D。

（2）C 语言既能对文本文件也能对二进制文件进行读写。文件都是用二进制存储的，只是文本文件存储的是字符的 ASCII 码，二进制文件则是用数据的二进制直接进行存储的。选择 D。

（3）第一个参数是一个字符串，内容是物理文件的文件名、可带盘符和文件夹。文件名与文件夹的分隔符是\，它与转义字符相同，所以需使用 "\\" 表示 "\"；还可以 "/" 作为分隔符。但两者不要混用。选择 B、C。

（4）涉及文件打开的模式字符串。其是有特点和规律的：含 a 的表示追加、r 表示读、w 表示写、+表示可读可写，b 表示针对二进制文件。a、r、w 可与+、b 组合。

（5）涉及库函数 fwrite()的原型及各参数的含义，只能牢记。

（6）涉及库函数 fread()的原型及各参数的含义，只能牢记。

（7）涉及库函数 fseek()的原型及各参数的含义，只能牢记。

（8）PRN 是打印机的设备文件名。此段程序的功能是将内容输出到打印机。

（9）以 w 的模式打开文件进行写操作，会新建文件且覆盖原来的内容。所以选择 A。

（10）选择 A。程序段的功能是：以只写方式创建并打开文本文件，向其中写入 2 个整数，关闭文件；以只读方式打开文本文件，从中读取 2 个整数并在显示器上输出。

2．编程题

（1）分别将大小写字母字符、数字字符写入文本文件，需使用 3 个循环。可使用 while、for 循环。执行读取操作时，循环条件是(ch=getc(fp))!=EOF；输出时需要判断读取到的字符是否是某一种类型的最后一个字符，目的是为了输出换行符\n。

```c
#include<stdio.h>
int main(){
    FILE*fp=fopen("a.txt","w");
    if(fp==NULL){
        printf("文件建立失败，请检查！\n");
        return -1;
    }
    char ch='A'; while(ch<='Z'){ putc(ch,fp);ch++; }
    ch='a'; while(ch<='z'){ putc(ch,fp);ch++; }
    ch='0'; while(ch<='9'){ putc(ch,fp);ch++; }
    fclose(fp);


    fp=fopen("a.txt","r");
    while((ch=getc(fp))!=EOF){
        if(ch>='A'&& ch<='Z'){
            printf("%c",ch);
            if(ch=='Z') printf("\n");
        }
        else if(ch>='a' && ch<='z'){
            printf("%c",ch);
            if(ch=='z') printf("\n");
        }
        else printf("%c",ch);
    }
    fclose(fp);
    return 0;
}
```

（2）使用 fprintf()、fscanf()对二进制文件进行写、读操作。

```c
#include<stdio.h>
int main(){
    FILE*fp=fopen("a2.dat","wb");
    if(fp==NULL){
        printf("文件建立失败，请检查！\n");
        return -1;
    }
    int i;
    float f1=3.14,f2=9.8;
    for(i=0;i<=9;i++) fprintf(fp,"%d\n",i);
```

```
     fprintf(fp,"%f\n",f1);  fprintf(fp,"%f\n",f2);
     fclose(fp);
     fp=fopen("a2.dat","rb");
     for(i=0;i<=9;i++) {fscanf(fp,"%d",i); printf("%d\t",i);
     printf("\n");
     fscanf(fp,"%f%f",f1,f2); printf("%f\t%f",f1,f2);
     printf("\n");
     fclose(fp);
     return 0;
}
```

（3）为了简化程序，只考虑了 m、n 合法的情况。即给定了参数 n 时，满足 n>=m>=1。
算法如下：

将 n 值初始化为 0，当前已读取的行数 row 初始化为 0。目的是便于后面与 m 进行比较；

通过 main 参数中的指针数组分别获取被显示文件的文件名、获取指定行号范围的参数
并使用库函数 atoi 将这 2 个字符串转换成整数；

当读取到的字符是\n 时 row++；

若 row 大于等于 m−1，且 n 等于 0 时，输出所有字符直到文件结束。即 n 没有指定时；

若 row 大于等于 m−1，且 row 小于等于 n−1 时，输出字符且判断是否要 row++；当 row
等于 n 时，break。

```
//typex.c  程序的文件名不宜使用 type，因为它与 DOS 内部命令同名
#include<stdio.h>
#include<stdlib.h>
int  main(int argc,char*argv[])
{
    FILE *fp;
    char  ch;
    int  m,n=0,row=0;
    //仅考虑 m、n 合法的情况，即 n>=m>=1
    fp=fopen(argv[1],"r");
    m=atoi(argv[2]);
    if(argc==4) n=atoi(argv[3]);

    while((ch=fgetc(fp))!=EOF )
    {
        if(row<m-1){ if(ch=='\n') row++; }
        else{
            printf("%c",ch);
            if(n==0) ;
            else {
                if(ch=='\n'){
                    row++;
                    if(row>=n) break;
                }
```

```
            }
        }
    }
    fclose(fp);
    return  0;
}
```

程序中没有考虑 m 非法的情况，即 m 取非正整数；n 取 0、省略或很大，都是显示全文。读者可完善程序代码。

（4）程序的算法比较简单：先读取所有数据到结构体数组；再定义一个表示总成绩的数组，用来存储每个学生的总成绩，两者的下标是对应相等的；依照总成绩进行排序，交换学生记录的下标，使得依总成绩依序排列；最后将新的学生结构体数组写入文件。定义了若干函数。

```
#include<stdio.h>
#include<stdlib.h>
typedef struct stuType             //定义结构体类型
{
    char  number[10], sex;
    int  age, score[4];
}stuType;
void  showStu(stuType  stu)        //输出一个记录到显示器
{
    int  k;
    printf("number:%s\t\t",stu.number);
    printf("sex:%c\t",stu.sex);
    printf("age:%d\t",stu.age);
    printf("scores:");
    for(k=0; k<4; k++) printf("%4d ",stu.score[k]);
    printf("\n");
}
void  swap(stuType *stu1,stuType  *stu2){        //交换两条记录
    stuType t;
    t=*stu1;
    *stu1=*stu2;
    *stu2=t;
}
void  sort(stuType stuArray[],int  number){    //按总成绩排序
    int totalScore[100]={0};
    int i,j,m;
    for(i=0;i<number;i++){        //求总成绩
        for(m=0;m<4;m++)totalScore[i]+=stuArray[i].score[m];
    }
    //选择排序
    for(i=1;i<number;i++){
        int minOrder=i-1;
        for(j=i;j<number;j++)   //找最小值的下标
            if(totalScore[minOrder]>totalScore[j]) minOrder=j;
        if(minOrder!=i-1){      //交换总分、记录
```

```
            int t;
            struct stuType tStu;
            t=totalScore[i-1];
            totalScore[i-1]=totalScore[minOrder];
            totalScore[minOrder]=t;
            //tStu=stuArray[i-1];
            //stuArray[i-1]=stuArray[minOrder];
            //stuArray[minOrder]=t;
            swap(&stuArray[i-1],&stuArray[minOrder]);
        }
    }
}


void readFromFile(char fileName[],stuType stuArray[],int *total){
    int i=0;
    FILE *fp=fopen(fileName,"rb");
    fread(&stuArray[i],sizeof(struct stuType),1,fp);
    while(!feof(fp))
    {
        i++;
        fread(&stuArray[i],sizeof(struct stuType),1,fp);
    }
    *total=i;
    fclose(fp);
}
void writeToFile(char fileName[],stuType stuArray[],int total){
    int i;
    FILE *fp=fopen(fileName,"wb");
    for(i=0;i<total;i++)
        fwrite(&stuArray[i],sizeof(stuType),1,fp);
    fclose(fp);
}
int main(){
    int i=0;
    stuType stuArray[100];
    char fileName[]="e:\\stu.dat";
    int total;
    readFromFile(fileName,stuArray,&total);
    sort(stuArray,total);
    writeToFile(fileName,stuArray,total);
    readFromFile(fileName,stuArray,&total);
    printf("result is:total=%d\n",total);
    for(i=0;i<total;i++)
        showStu(stuArray[i]);
    return  0;
}
```

第4部分 实验参考答案

实 验 1

实验内容解答

（1）、（2）、（3）、（5）题的解答略。

（4）题使用5个printf()语句输出5行内容，即一个printf()输出一行字符串。

```c
#include<stdio.h>
#include<stdlib.h>
int main(){
    printf("********************\n");
    printf("*                  *\n");
    printf("*      爱我中华     *\n");
    printf("*                  *\n");
    printf("********************\n");
    return 0;
}
```

实 验 2

实验内容解答

（1）答案见下表。注意各式子的运算次序以及数据类型。

题号	答　　案
①	2
②	9.5
③	5.5
④	x=10,y=15,z=10
⑤	12,4

（2）答案见下表。注意字符的 ASCII 码与整数间的关系、数字与数字字符间的关系。

答　　案
a,A
97,65
32,a
ASCII:48
ASCII:50

（3）答案见下表。深刻理解自增自减、先后增减间的差别。

程序一	9,10,9,9
程序二	5,9
程序三	6,9,6,-7

（4）主要使用算术运算，注意表达式数据类型的变化。

```c
#include<stdio.h>
#include<stdlib.h>
int main()
{
    float f,c;
    printf("请输入华氏温度:");
    scanf("%f",&f);
    c=5*(f-32)/9;
    printf("摄氏温度=%.3f\n",c);
    return 0;
}
```

（5）主要运用了模运算、强制类型转换。注意四舍五入的技巧。

```c
#include<stdio.h>
#include<stdlib.h>
int main()
{
    int x,a,b,c,d,e, sum=0,mul=1,value,ni;
    printf("输入一个 5 位的正整数:");
    scanf("%d",&a);
    a=x/1%10;
    b=x/10%10;
    c=x/100%10;
    d=x/1000%10;
    e=x/10000%10;
    sum+=a+b+c+d+e;
    mul*=a*b*c*d*e;
    ni=a*10000+b*1000+c*100+d*10+e;
    value=(int)(x/10.0+0.5) *10;
    printf(" 和 =%d\n 积 =%d\n 逆置数 =%d\n 对个位四舍五入后的值 =%d\n",
sum,mul,ni,value);
    return 0;
}
```

实　验　3

实验内容解答

（1）输入对应的输出结果如下表。

输入	输出
7□8□□9↙	a=7,b=8,c=9
7□□8↙ 9↙	a=7,b=8,c=9

（2）输出结果如下。

程序一

输入	输出(下面的内容是执行 scanf 之后的输出结果)
5□6□efg↙	i=5, j=6, c1=□,□32 c2=e,□101
5□6efg↙	i=5, j=6, c1=e,□101 c2=f,□102
5□3.8efg↙	i=5, j=3, c1=.,□46 c2=8,□56
5□6□ ↙ E↙ F↙	i=5, j=6, c1=□,□32 c2= ,□10

程序二

```
i=1,
i=1,
C1=A,
C2=B,
F=9.800000,
```

程序三

```
i=65,j=66
i=A,j=B
---------------
c1=a,c2=b
c1=97,c2=98
---------------
32
e,
Aa
```

程序四，注意无符号字符、带符号字符的二进制值、存储。

```
?150
------------------------
280,
------------------------
0.000000
```

实　验　4

实验内容解答

（1）程序改错。

① 主要错误有 main 拼写错误、if 后多加了分号，忽视了复合语句；程序的最后缺少"return 0"。

```
#include <stdio.h>
int  main()
{
    float a,b,t;
    scanf("%f,%f",&a,&b);
    if (a>b)
    {
        t=a;a=b;b=t;
    }
    printf("%5.2f,%5.2f",a,b);
    return 0;
}
```

② 任何程序的第一行都应该是"#include <stdio.h>"，必不可少；scanf()中普通变量前掉了取地址运算&；x>0 缺少圆括号；每个 else 后多写了分号，导致 else 子句为空；if 中的表达式错写成了赋值；printf()中输出变量的格式控制符与变量的类型不一致。"main"前最好加上"int"，程序的最后添加"return 0;"，这两者达成首尾呼应。

```
#include<stdio.h>
int main(){
    int  x,y;
    printf("Enter x:");
    scanf("%d",&x);
    if(x>0)           y=x;
    else  if(x==0)    y=2;
    else              y=3*x;
    printf("x=%d,y=%d\n",x,y);
    return 0;
}
```

（2）有多种方式解答本题：4 个单分支、3 个单分支、if...else 的嵌套等。下面使用的是 if...else 的嵌套。

```
#include<stdio.h>
#include<math.h>
int main()
{
    double x,y,z;
    scanf("%lf",&x);
    if(x<-10) {y=-x;    z=x+log(y);}
    else if(x>=-10&&x<10) {y=2*x-1;    z=x+y;}
    else if(x>=10&&x<=25) {y=log(x)/log(2);   z=pow(x,y);}
```

```
    else {y=x/10;z=log(x)+y-3*x/7;}
    printf("%lf,%lf",y,z);
    return 0;
}
```

（3）这是一个 5 段函数。可使用 4 个或 5 个单分支 if 语句实现，也可以使用 if...else 的嵌套实现。下面的例子使用了后一种方法。

```
#include<stdio.h>
int main()
{
    int m;
    float p,t;
    scanf("%d%f",&m,&p);
    if(m<3) t=0.38;
    else if(m>=3&&m<6) t=0.28;
    else if(m>=6&&m<9) t=0.2;
    else if(m>=9&&m<12) t=0.18;
    else t=0.08;
    p*=1-t;
    printf("%f\n",p);
    return 0;
}
```

（4）要考虑 2018 年是平年还是闰年，从而确定 2 月份有 28 或 29 天；month 月，则前 month−1 个月天数都是满的，可使用 switch...case 中不含 break 的模式实现天数累加，且月份倒着排列。

```
#include<stdio.h>
int main()
{
    int month,day,week,sum=0;
    scanf("%d%d",&month,&day);
    switch(month-1)
    {
        case 11: sum+=30;
        case 10: sum+=31;
        case  9: sum+=30;
        case  8: sum+=31;
        case  7: sum+=31;
        case  6: sum+=30;
        case  5: sum+=31;
        case  4: sum+=30;
        case  3: sum+=31;
        case  2: sum+=28;
        case  1: sum+=30;
    }
    sum+=day;
    week=(sum+1)%7;
    switch(week)
```

```
    {
        case 0:printf("星期日\n");break;
        case 1:printf("星期一\n");break;
        case 2:printf("星期二\n");break;
        case 3:printf("星期三\n");break;
        case 4:printf("星期四\n");break;
        case 5:printf("星期五\n");break;
        case 6:printf("星期六\n");break;
    }
    return 0;
}
```

实　验　5

1.　实验内容解答

（1）不是死循环。对循环变量 c 不断自增（或自减）时，是有限个二进制位上的 0、1 在不断变化，总会等于 11111111，再加 1 则变成了 1 0000 0000，char 型数据溢出（整型也会有数据溢出），溢出位的值被舍弃，而低八位的值是 0，因而终止循环。

（2）需对计数器赋予初值 0，需对大小写字母进行判别。

```
#include<stdio.h>
#include<stdlib.h>
int  main(){
    int up=0,low=0;                    //计数器初值为 0
    char c;
    while((c=getchar())!='\n')         //读取、再判断是否读取完，读取并赋值须加括号
    {
        if(c>='A'&&c<='Z')  up++;
        if(c>='a'&&c<='z')  low++;
    }
    printf("%d \n",up>low?up:low);  //可使用 if...else 语句，这里使用的是条件表达式
    return  0;
}
```

（3）分离整数的各位主要使用模运算、整除运算。

① number%10

② number/10

（4）要总结出每个数的特点、写出表达式：一个数等于前一个数乘以 10，再加上最先的一个一位数。

```
#include<stdio.h>
int main()
{
    int a,n,s=0,i,t=0;                 //s 表示和、t 表示每个加数，a 是输入的一位数
    printf("请输入 a,n:");
    scanf("%d%d",&a,&n);
```

```
    for(i=1;i<=n;i++)
    {
        t=t*10+a;   printf("t=%d\n",t);
        s+=t;
    }
    printf("和为 s=%d",s);
    return 0;
}
```

（5）方法一：分析出每个整数 i 出现的次数也是 i。题意变成了求 1+2+3+…+i≥100 时的 i。

```
#include<stdio.h>
int main()
{
    int i,sum=0;
    for(i=1; ;i++)
    {
        sum+=i;
        if(sum>=100) break;
    }
    printf("%d\n",i);
    return 0;
}
```

方法二：分析这个数列，数 a 出现的次数也是 a 次。对数 a 出现的次数进行计数，当数 a 出现了 a 次后，将 a 自增，且对项数进行计数、直到第 i=100 项为止。

```
#include<stdio.h>
int main()
{
    int i=1,count=1,a=1;
    do{
        if(count>=a)
        {
            count=1;
            a++;
        }
        elsecount++;
        i++;
    }while(i<100);
    printf("%d\n",a);
    return 0;
}
```

（6）主要运用了模运算。要注意：整除得到的是换回来的满瓶数，空瓶数要包括满瓶数和余数。

```
#include<stdio.h>
int main()
{
    int a=20,sum=20,b,c;
```

```
    while(a>=3)
    {
        b=a/3;
        sum+=b;          //b 是换回的瓶数
        c=a%3;           //余数
        a=b+c;           //总空瓶数
    }
    printf("能喝的矿泉水总数 sum=%d",sum);
    return 0;
}
```

（7）"三天打鱼两天晒网"是以 5 天为一个周期，所以模运算的第二操作数是 5；模运算的结果是 0～4，而余数是 1、2、3 则是在打鱼，余数是 4、0 则是在晒网；计算今天距离今年的第一天多远，方法上与主教材例题一致。

```
#include<stdio.h>
int main()
{
    int year,month,day,t;
    int sum=0,i,a=28;
    scanf("%d%d%d",&year,&month,&day);
    if(year>=2000){
        for(i=2000;i<year;i++)
        {
            if((i%4==0&&i%100!=0)||i%400==0)  sum+=366;
            else sum+=365;
        }
    }
    else{
        i=2000;
        while(year<i)
        {
            i--;
            if((i%4==0&&i%100!=0)||i%400==0)  sum-=366;
            else sum-=365;
        }
    }  //上面的 else 语句考虑的是输入的年小于 2000 的情况，可去掉
    if((i%4==0&&i%100!=0)||i%400==0)  a=29;
    switch(month-1)//减 1 为了方便填写对应的天数
    {
        case 11:sum+=30;
        case 10:sum+=31;
        case  9:sum+=30;
        case  8:sum+=31;
        case  7:sum+=31;
        case  6:sum+=30;
        case  5:sum+=31;
        case  4:sum+=30;
```

```
        case  3:sum+=31;
        case  2:sum+=a;
        case  1:sum+=31;
    }
    sum+=day;
    t=sum%5;
    if(t==0) t=5;
    if(t>=1&&t<=3) printf("打鱼");
    else printf("晒网");
    return 0;
}
```

（8）所谓二分法，就是先计算 x1、x2 的中点 xm，再判断根是在(x1,xm)还是(xm,x2)内，这是根据 f1·fm<0 还是 fm·f2<0 来确定。从而缩小了根的范围。不断重复上面的步骤，直到 xm 对应的 y 值很小为止。

```
#include<stdio.h>
#include<math.h>
int main()
{
    float x,x1=-10,x2=10,y1,y2,y;
    do
    {
        x=(x1+x2)/2;
        y1=2*x1*x1*x1-6*x1*x1+3*x1-6;
        y2=2*x2*x2*x2-6*x2*x2+3*x2-6;
        y=2*x*x*x-6*x*x+3*x-6;
        if(y1*y<0)  x2=x;
        else x1=x;
    }while(fabs(y)>1e-6);
    printf("根为%f\n",x);
    return 0;
}
```

2．思考题解答

（1）关键是计算出每月的第一天是星期几，从而确定它输出在合适的位置下（即星期几的下面），从第二天开始依次输出在前一天的后面，或者换行到行首。输出的结果大致是这样的：

```
              2018年1月
    日   一   二   三   四   五   六
         1    2    3    4    5    6
    7    8    9   10   11   12   13
   14   15   16   17   18   19   20
   21   22   23   24   25   26   27
   28   29   30   31

              2018年2月
    日   一   二   三   四   五   六
                             1    2    3
    4    5    6    7    8    9   10
   11   12   13   14   15   16   17
   18   19   20   21   22   23   24
   25   26   27   28
```

2018年3月

日	一	二	三	四	五	六
				1	2	3
4	5	6	7	8	9	10
11	12	13	14	15	16	17
18	19	20	21	22	23	24
25	26	27	28	29	30	31

```c
#include<stdio.h>
#include<stdlib.h>
int main()
{
    int month,first=1,totalDays;
    //2018 年元旦星期一，其他年份只需修改 first,还有下面的 totalDays 表示每月的天数
    //month 表示月份
    //first 表示每月的第一天星期几，取值是 0～6
    int weeki; //代表星期几。初值等于 first
    int i;     //i 作为循环变量
    for(month=1; month<=12; month++)  //控制月份
    {
        printf("%2d 月\n\n",month);
        printf("星期日\t星期一\t星期二\t星期三\t星期四\t星期五\t星期六\n");
        if(month==1||month==3||month==5||month==7||month==8||month==10
            ||month==12) totalDays=31;
        else if(month==2)  totalDays=28;
        else totalDays=30;                //确定每月的天数

        for(i=1;i<=first;i++) printf("\t");  //输出 1 号前的空格，与星期对齐
         weeki=first;
        for(i=1; i<=totalDays; i++)     //i 表示每月的号数
        {
            printf("%-8d",i);            //在对应星期下面输出号数
            weeki++;                     //星期加一
            if(weeki%7==0)
            {
                weeki=weeki%7;
                printf("\n");            //一个星期结束，换行
            }
        }//控制每月其他行
        first=weeki;  /*记录每月最后一天的位置、或者说是星期几,以便确定下一个月的
                        1 号星期几*/
        //count=0;
        printf("\n");
        system("pause");
        system("cls");
    }
    return 0;
}
```

（2）每人有 5 种可能（即第 1～第 5 名），也即是一个 5 重循环；5 句话用 5 个表达式描述。

```c
#include<stdio.h>
int main()
{
    int A,B,C,D,E;
    for(A=1; A<=5; A++)
        for(B=1; B<=5; B++)
        {
            if(B==A) continue;
            for(C=1; C<=5; C++)
            {
                if(C==B||C==A) continue;
                for(D=1; D<=5; D++)
                {
                    if(D==A||D==B||D==C) continue;
                    E=15-A-B-C-D; //1+2+3+4+5=15 即所有名次之和等15，名次不能雷同
                    if((B==2&&A!=3)||(B!=2&&A==3))
                        if((B==2&&E!=4)||(B!=2&&E==4))
                            if((C!=1&&D==2)||(C==1&&D!=2))
                                if((C!=5&&D==3)||(C==5&&D!=3))
                                    if((E!=4&&A==1)||(E==4&&A!=1))
                                    {
                                        printf("一组解是:\n");
                                        printf("\tA\tB\tC\tD\tE\n");
                                        printf("\t%d\t%d\t%d\t%d\t%d\n",
                                            A,B,C,D,E);
                                        printf("---------------------\n");
                                    }
                }
            }
        }
    return 0;
}
```

程序的内循环中的 5 个 if 语句可改为：

```c
if( ((B==2)+(A==3)==1) &&
    ((B==2)+(E==4)==1) &&
    ((C==1)+(D==2)==1) &&
    ((C==5)+(D==3)==1) &&
    ((E==4)+(A==1)==1)
)
```

或者是：

```c
if( ((B==2)+(A==3)==1) +
    ((B==2)+(E==4)==1) +
    ((C==1)+(D==2)==1) +
    ((C==5)+(D==3)==1) +
```

```
    ((E==4)+(A==1)==1)  ==5
)
```
对应着每个人只猜对了一半。

实　验　6

1. 实验内容解答

（1）程序段的功能是求字符串的串长，通过循环输出字符串中的每个字符。

① 16

② 7

③ &c[7]

（2）算法思想上与求最大值一致，但需注意几个问题：数组的声明、数组元素的输入、数组的下标。

```c
#include<stdio.h>
#define N 10
int main()
{
    int a[N];
    int sum,i;
    for(i=0; i<N; i++)scanf("%d",&a[i]);
    int index=0,max=abs(a[1]-a[0]),t;
    for(i=1; i<N-1; i++)
    {
        t= abs(a[i+1]-a[i]);
        if(max<t){
            index=i;
            max=t;
        }
    }
    printf("max=%d\n",max);
    printf("%d,%d\n",a[index],a[index+1]);
    return 0;
}
```

（3）把第二个串连接到第一个串的后面，需要去掉第一个串的结束标记，连接完成后需要再加上结束标记构成字符串。注意下标的变化关系，还需考虑存放新串的数组有足够的容量。

```c
#include<stdio.h>
int main()
{
    char str1[80];
    char str2[80];
    int i,m;
    scanf("%s",str1);fflush(stdin);
```

```
    scanf("%s",str2);fflush(stdin);//或者使用函数 gets
    for(i=0;str1[i]!='\0';i++);
    for(m=0;str2[m]!='\0';i++,m++)
        str1[i]=str2[m];
    str1[i]=0;
    printf("%s\n",str1);
    return 0;
}
```

（4）判别字符的类别需要使用 if...else 的嵌套。使用一维数组存储结果则需使用 3 个一维数组，使用二维数组则需一个行数是 3 的二维数组。注意各数组中字符的下标，即行列号。

程序一：使用一维数组存储。

```
#include<stdio.h>
int main()
{
    char str[80];
    gets(str);
    char str1[80],str2[80],str3[80];
    int len1,len2,len3;
    len1=len2=len3=0;
    int i=0;
    while(str[i]){
        if(str[i]>='A'&&str[i]<='Z' || str[i]>='a'&&str[i]<='z')
            str1[len1++]=str[i];
        else if(str[i]>='0'&&str[i]<='9')
            str2[len2++]=str[i];
        else str3[len3++]=str[i];
        i++;
    }
    str1[len1]=0;
    str2[len2]=0;
    str3[len3]=0;
    printf("%s\n",str1);
    printf("%s\n",str2);
    printf("%s\n",str3);
    return 0;
}
```

程序二：使用二维数组存储。

```
#include<stdio.h>
int main()
{
    char str[80];
    gets(str);
    char result[3][80];
    int len1,len2,len3;
    len1=len2=len3=0;
```

```
    int i=0;
    while(str[i]){
        if(str[i]>='A'&&str[i]<='Z' || str[i]>='a'&&str[i]<='z')
            result[0][len1++]=str[i];
        else if(str[i]>='0'&&str[i]<='9')
            result[1][len2++]=str[i];
        else result[2][len3++]=str[i];
        i++;
    }
    result[0][len1]=0;
    result[1][len2]=0;
    result[2][len3]=0;
    for(i=0;i<3;i++) puts(result[i]);
    return 0;
}
```

（5）观察数据的规律，做出如下处理：一个 n×n 的矩阵，共有 2n-1 条对角线，将它们顺次编号为 1～2n-1。从矩阵的左下至右上的顺序逐条沿对角线填写数字。填写数字的方向按对角线编号的奇偶性交替变化。

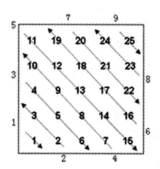

```
#include<stdio.h>
#include<stdlib.h>
#define N 5
int a[N][N];
int main()
{
    int i, j, k, d;
    printf("\n");
    for(k=d=1; d<=2*N-1; d++)        //d 为对角线的编号
    {
        if(d<=N-1)                   //左下三角
            if(d%2)                  //对角线的编号为奇数，从左上往右下
                for(i=N-d, j=0; i<N; i++, j++)  a[i][j]=k++;
            else                     //对角线的编号为偶数，从右下往左上
                for(i=N-1, j=d-1; i>=N-d; i--, j--)  a[i][j]=k++;
        else                         // d>=N，右上三角
            if(d%2)
                for(i=0, j=d-N; i<=2*N-1-d; i++, j++)  a[i][j]=k++;
            else
```

```
            for(i=2*N-1-d, j=N-1; i>=0; i--, j--)  a[i][ j]=k++;
    }
    for(i=0; i<N; i++)
    {
        for( j=0; j<N; j++) printf("%7d",a[i][ j]);
        printf("\n");
    }
    return  0;
}
```

2．思考题解答

（1）为了便于说明本题的算法，假定：

```
char s[]="123456734598";        主串
char v[]="345";                 被替换的子串
char u[]="ab";                  子串，即在 s 中的所有 v 将被 u 替换
char result[30]="";             result 用来存放最终结果
```

在主串 s 中定位 v 子串第一次出现的位置 index。使用 p=strstr(s,v)函数，返回值是一个指针，等于子串在主串中对应字符的地址。这里的结果是 p="3456734598"。若 p 为空则是不存在子串 v。

将 s 中 p 之前的所有字符复制到 t 中暂存，即 t="12"；接下来将 t 连接到 result 串的尾部，得到的 result 是"12"；再将 u 串连接到 result 串的尾部，得到的是"12ab"；将 p 串首部的子串 v 截除，剩下的字符复制到主串 s 中，得到新的主串 s，其值是"6734598"。这一步是关键。

再在 s 中定位 v，即 p=strstr(s,v)。重复上一步，直到 p 为空为止。

最后将剩下的主串 s 连接到 result 的尾部，得到的 result 就是最终结果。

```
#include<stdio.h>
#include<string.h>
int main()
{
    char s[]="1234567345";
    char v[]="345";
    char u[]="ab";
    char result[30]="";

    char *p=strstr(s,v);
    while(p){
        int lenS=strlen(s);
        int lenP=strlen(p);
        int index=lenS-lenP;
        char t[30];

        int i;
        for(i=0;i<index;i++) t[i]=s[i];
        t[i]=0;
        strcat(result,t);
```

```
        strcat(result,u);
        p=p+strlen(v);
        strcpy(s,p);
        p=strstr(s,v);
    }
    strcat(result,s);
    printf("%s",result);
    return 0;
}
```

（2）由于阶乘增长很快，可能导致溢出，所以不能直接使用整型变量来存储阶乘。而采用数组进行存储，且每个数组元素存储一个一位数，数组所有元素的值才组成了阶乘值。

在进行乘积时要考虑乘积是顺序存放还是倒着存放，还需考虑进位。下面的代码实现的是逆序存放、目的是便于进位，最后再倒置即可。

请使用实例验证（手工执行）下面的程序。

例如：12!=479001600，如何求得 13!等于 6227020800。

12!在数组 a 中的存放形式是 a[]={0,0,6,1,0,0,9,7,4};。这每个元素将与 13 相乘，需处理乘积、进位等。

```
#include<stdio.h>
#include<stdlib.h>
int main()
{
    int n;
    int a[1000];        //确保保存最终运算结果的数组足够大
    int digit=1;        //位数
    int temp;           //阶乘的任一元素与临时结果的某位的乘积结果
    int i, j, carry;    //carry 表示进位
    printf("please in put n:\n");
    scanf("%d",&n);
    a[0]=1;             //将结果先初始化为 1
    for ( i=2; i<=n; i++ )    //开始阶乘，阶乘元素从 2 开始依次"登场"
    {
        //按最基本的乘法运算思想来考虑，将临时结果的每位与阶乘元素相乘
        for( j=1, carry=0;  j<=digit; j++ )
        {
            temp=a[j-1]*i+carry; //相应阶乘中的一项与 i 相乘再加上进位
            a[j-1]=temp%10; //将乘积进行分解，保证每个数组元素中只存储一位数字
            carry=temp/10;  //看是否有进位
        }
        while(carry)                //如果有进位
        {
            a[++digit-1]=carry%10; //新加一位，添加信息。位数增 1
            carry=carry/10; //看还能不能进位
        }
    }
    printf("%d!=",n);
```

```
    for(j=digit; j>=1; j--)        //逆序输出结果
    {
        printf("%d",a[j-1]);
    }
    printf("\n");
    return 0;
}
```

（3）使用一个 10×10 的二维数组存储分数，一行就是一个选手的打分。一行上的 10 个元素要求最大最小值、平均值等。

```
#include<stdio.h>
#include<stdlib.h>
#include<time.h>
int main()
{
    int a[10][10];
    float average[10]={0};
    int i,j;
    int max,min;
    srand(time(NULL));
    for(i=0;i<10;i++){
        for(j=0;j<10;j++)
            a[i][j]=rand()%100+1;  //产生[1,100]间的随机数
    }
    for(i=0;i<10;i++){
        for(j=0;j<10;j++) printf("%d,",a[i][j]);
        printf("\n");
    }//输出产生的随机分数
    for(i=0;i<10;i++){
        max=min=a[i][0];
        for(j=0;j<10;j++){
            if(a[i][j]>max) max=a[i][j];
            if(a[i][j]<min) min=a[i][j];
            average[i]+=a[i][j];
        }
        average[i]=(average[i]-max-min)/8.0;
        printf("第%d位选手的得分是%f\n",i,average[i]);
    }
    对数组average[]进行排序、再输出，求得其名次及得分。略。
    return 0;
}
```

实　验　7

1. 实验内容解答

（1）主要考查指针与数组的关系，指针当数组来使用。

```
    0  2  2
    4
    3
```

本条输出语句有语法错误。*++A 中，A 是数组名，不能进行自增运算。

1　2　3　4　0　0　2293532（这个值是不确定的。虽无语法错误，但数组下标已越界）

（2）交换操作，交换的必须是值，不是地址（指针）。

```c
#include<stdio.h>
int main()
{
    int x=1,y=2;
    int *px,*py;
    px=&x,py=&y;
    int t;
    t=*px; *px=*py; *py=t;
    printf("x=%d,y=%d\n",x,y);
    return 0;
}
```

（3）主要考查指针与数组的关系、指针的加减运算和关系运算，以及*运算。

```c
#include<stdio.h>
#define N 10
int main()
{
    int a[]={1,2,3,4,5,6,7,8,9,10};
    int *p=a;
    int *q=&a[N-1];//int *q=a+N-1;
    int t;
    for(;p<q;p++,q--){
        t=*p;*p=*q;*q=t;
    }
    for(p=a,q=a+N;p<q;p++)
        printf("%d,",*p);
    return 0;
}
```

（4）字符串比较实际是比较对应下标处字符的 ASCII 码：相同下标处字符相同时需循环比较下一对字符，不等时则已分辨出了大小。

方法一：使用数组解答。相等返回值是 0，不等返回值是−1 或 1。

```c
#include<stdio.h>
#include<string.h>
int main()
{
    char str1[]="abc12";
    char str2[]="abc12";
    int i=0;
    while(i<=strlen(str1) && i<=strlen(str2)){
```

```
        if(str1[i]==str2[i]){i++;}
        else if(str1[i]<str2[i]){printf("str1<str2\n");return -1;}
        else{ printf("str1>str2\n");return 1;}
    }
    printf("str1=str2\n");return 0;
}
```

这种方法通过 while 中两个关系表达式中的等号，将两个串同时结束的情况巧妙地统一起来了。

方法二：使用数组解答。

```
#include<stdio.h>
int main()
{
    char str1[]="abc12";
    char str2[]="abc123";
    int i=0;
    while(str1[i]!=0&&str2[i]!=0){
        if(str1[i]==str2[i]){i++;}
        else if(str1[i]<str2[i]){printf("str1<str2\n");return -1;}
        else{ printf("str1>str2\n");return 1;}
    }
    if(str1[i]==0&&str2[i]!=0) { printf("str1<str2\n");return -1;}
    else if(str1[i]!=0&&str2[i]==0) { printf("str1>str2\n");return 1;}
    else {printf("str1=str2\n");return 0;}
}
```

方法三：使用指针解答。类似于方法二。

```
#include<stdio.h>
int main()
{
    char str1[]="abc12";
    char str2[]="abc123";
    char *p1=str1,*p2=str2;
    while(*p1!=0&&*p2!=0){
        if(*p1==*p2){p1++;p2++;}
        else if(*p1<*p2){printf("str1<str2\n");return -1;}
        else{ printf("str1>str2\n");return 1;}
    }
    if(*p1==0&&*p2!=0){printf("str1<str2\n");return -1;}
    else if(*p1!=0 && *p2==0){printf("str1>str2\n");return -1;}
    else { printf("str1=str2\n");return 0;}
}
```

方法二、方法三中，存在 3 种可能的情况使得 while 的条件不成立而终止循环，所以后面要使用 if…else 进行判断是哪种情况导致的循环终止。

（5）集合一般使用数组来存储（模拟），必须理解集合基本运算（并交差）的概念。实现运算的关键点是将哪两个元素进行比较、将谁放入结果数组、数组的下标如何规律性变化、对数组剩余元素如何处理。

下面仅使用指针进行操作，使用数组实现的方法参考主教材。

为简化算法，仅考虑数组中的元素递增有序的情况。

求并集：分别设置 3 个数组存储两个源集合和一个目标集合，3 个指针分别指向 3 个数组的首地址；两个集合对应元素的比较有 3 种关系，谁小就将谁放入目标数组之中，同时将相应的指针后移；若相等则同时移动 3 个指针，直到一个或两个源数组中的元素处理完毕；最后需将某个源数组中的剩余元素复制到目标数组中。

```c
#include<stdio.h>
int main()
{
    int a[]={1,3,5,7,11}; int lenA=5;
    int b[]={1,2,3,4,6,7,8,9};int lenB=8;
    int c[100];int lenC=0;
    int *pA=a,*pB=b,*pC=c;
    while(pA<a+lenA && pB<b+lenB){
        if(*pA<*pB){*pC=*pA;pA++;pC++;}
        else if(*pA>*pB){*pC=*pB;pB++;pC++;}
        else {*pC=*pA;pA++;pB++;pC++;}
    }
    while(pA<a+lenA){*pC=*pA;pA++;pC++;}
    while(pB<b+lenB){*pC=*pB;pB++;pC++;}
    int i;
    for(i=0;i<pC-c;i++)      //lenC 等于 pC-c
        printf("%d,",c[i]);
}
```

求交集：两个集合对应元素的比较有 3 种关系，不等时需将小者的指针后移；相等时同时后移 3 个指针，直到某一个源数组的所有元素处理完毕，也就得到了交集。

```c
#include<stdio.h>
int main()
{
    int a[]={1,3,5,7,11}; int lenA=5;
    int b[]={1,2,3,4,6,7,8,9};int lenB=8;
    int c[100];int lenC=0;
    int *pA=a,*pB=b,*pC=c;
    while(pA<a+lenA && pB<b+lenB){
        if(*pA<*pB){pA++;}
        else if(*pA>*pB){pB++;}
        else {*pC=*pA;pA++;pB++;pC++;}
    }
    int i;
    for(i=0;i<pC-c;i++)
        printf("%d,",c[i]);
}
```

求差集：首先要搞清差集的定义，再进行算法设计。两个源数组中对应元素进行比较有 3 种关系，若前者小于后面则将小的直接加入到目标数组中，同时后移两个指针；若相等则只同时移动两个源数组的指针，若是大于关系则只移动第二个源数组的指针。循环终止后，若第一个源数组未处理完毕则需将其剩余元素复制到目标数组中。

```c
#include<stdio.h>
int main()
{
    int a[]={1,3,5,7,11}; int lenA=5;
    int b[]={1,2,3,4,6,7,8,9};int lenB=8;
    int c[100];int lenC=0;
    int *pA=a,*pB=b,*pC=c;
    while(pA<a+lenA && pB<b+lenB){
        if(*pA<*pB){*pC=*pA;pA++;pC++;}
        else if(*pA>*pB){pB++;}
        else {pA++;pB++;}
    }
    while(pA<a+lenA){*pC=*pA;pA++;pC++;}
    int i;
    for(i=0;i<pC-c;i++)
        printf("%d,",c[i]);
}
```

2. 思考题解答

（1）设置两个计数器 count1、count2，分别记录先前的最大连续相等数字的个数、当前最大连续相同数字的个数，只有 count2>count1 时，count1 才被 count2 替换。当对应数字字符不等时，count2 要重置为 0，再依关系决定是否自增。对应数字关系式是：userStr[i]==RewardStr[i]。

```c
#include<stdio.h>
char RewardStr[]="1234567";    //这个字符串常量可随时修改
int main()
{
    char userStr[8];
    int count1=0,count2=0;
    int i=0;
    printf("必须输入串长为 7 的一个数字串: ");
    gets(userStr);
    while(i<6){
        if(userStr[i]==RewardStr[i]){
            count2++;
            if(count1<count2) count1=count2;
        }
        else count2=0;
        i++;
    }
    //为了使得输出结果清晰，下面的输出是有几个数字相同。
    if(count2==6&&userStr[6]==RewardStr[6]) printf("7.\n");
    else if(count1>count2) printf("%d.\n",count1);
    else printf("%d.\n",count2);
```

```
        return 0;
    }
```

（2）问题比第一题要复杂。题意是要求相邻字符是连续递增的，即求任意连续的最大数字字符串。

```
#include<stdio.h>
#include<string.h>
#include<stdlib.h>
/*算法的主要思想是:
主串，取从 start=0、长度是 2 的子串，依次与用户串中多个长度是 2 的子串进行比较
不相等，则 start++、再取长度是 2 的子串，仍与用户串的进行比较；相等，则主串 start
不变，取长度增加 1 的子串、与用户串比较。
重新循环: start=0、长度是 3 的子串，依次与用户串中多个长度是 2 的子串进行比较（外
循环）
level 中保存了目前相等的最长子串的串长。
主串的 start 改变、则 count 都从 2 开始。
*/
//从 str 中下标为 start 的开始，取 len 个字符构成一个字符串
char* subStr(char*str,int start,int len){
    char *result=(char*)malloc(7*sizeof(char));
    int i=0;
    if(start+len>strlen(str)-1)  ;//len 不合法
    else for(;i<len;i++) result[i]=str[i+start];
    result[i]=0;
    return result;
}
int  main()
{   char rewardStr[]="1234567";
    char userStr[]="1034569";
    char *reStr;    char *uStr;
    int reI=0;   int uI=0;    int count=2;    int level=1;
L1: for(;reI<5;)
  {
        reStr=subStr(rewardStr,reI,count);
        if(strcmp(reStr,"")!=0){
           for(uI=0;uI<5;uI++){
               uStr=subStr(userStr,uI,count);
               if(strcmp(reStr,uStr)==0)  {
                   if(level<count)level=count;
                       count++;
                       goto L1;//相等，接着取长度+1 的子串进行比较
                   }
                   else if(strcmp(uStr,"")==0) break;
               }
               reI++; count=2;
           }
           else break;
       }
```

```
    if(level==6 && rewardStr[6]==userStr[6]) level++;//特等奖
    printf("level=%d",level);    //level 是最长相等子串的串长
    return  0;
}
```

实 验 8

1. 实验内容解答

（1）改错及出错原因如右侧注释。

```
                                //此处缺少包含头文件
                                //main()函数缺少 int 作为返回值类型
main(){
    int x,y;
    printf("%d\n",sum(x+y));  //实参 x、y 未指定值，不能进行运算
    int sum(a,b);            //自定义函数的声明放置位置错误
    {                        //函数的实现进行了嵌套是错误的
        int a,b;
        return(a+b);
    }
}
```

正确代码如下：

```
#include<stdio.h>
int main()
{
    int x,y;
    x=1,y=2;
    int sum(int a,int b);
    printf("%d\n",sum(x+y));
    return 0;
}
int sum(a,b)
{
    return(a+b);
}
```

（2）自定义函数实现求两个数的绝对值。

```
#include<stdio.h>
int fun(int a,int b){
    int c;
    c=a-b;
    if(c<0) c=-c;
    return c;
}
int main(){
    int a=1,b=-5;
    int c=fun(a,b);
    printf("c=%d\n",c);
```

```
    return 0;
}
```

（3）②⑥⑦错误，其他正确。分析如下：

②中 pStr[3]= '0';错误。不能通过指针的方式改变串常量的值。①是正确的，它是改变数组元素的值。

⑥strcpy(p1,s2);错误。串复制实现的是字符的复制。本操作前 p1 并未指向某个确定的存储单元。

⑦strcpy(s1,p1);错误。源串不确定，不能完成复制。

（4）切线法求方程的根，是根据高等数学知识进行计算机求解。思路是：先求过点(-2, f(-2))的切线方程，再求切线与 x 轴的交点，通过该交点做 x 轴的垂线，求得垂线与曲线的交点；接下来重复前面的步骤，直到某时刻交点的 y 值无穷小为止，此时的 x 就认为是方程的近似解。

需要自定义函数：$f(x)=3x^3+4x^2-2x+5$。

切线的斜率 $k(x)=9x^2+8x-2$。

切线与 x 轴的交点 $crossOverPoint(x)=-f(x)/k(x)+x$。

```c
#include<stdio.h>
#include<math.h>
double f(double x){
    return 3*x*x*x+4*x*x-2*x+5;
}
double k(double x){
    return 9*x*x+8*x-2;
}
double cop(double x){
    return -f(x)/k(x)+x;
}
int main(){
    double x=-2;
    double y;
    do{
        x=cop(x);
        y=f(x);
    }while(fabs(y)>1e-6);
    printf("x=%f\n",x);
    return 0;
}
```

（5）自定义函数被调用后，若返回值是-1 则表示查找不成功；否则就是该数据的下标。

```c
#include<stdio.h>
int binarySearch(int a[],int n,int x){
    int low=0,high=n-1;
    int mid;
    while(low<=high){
        mid=(low+high)/2;
```

```
        if(x<a[mid]) high=mid-1;
        else if(x>a[mid]) low=mid+1;
        else return mid;
    }
    if(low>high)return -1;
}
int main(){
    int a[]={1,2,4,5,8,9,12,13};
    int n=8;
    int x;
    printf("Search x,x=");
    scanf("%d",&x);
    printf("Index is %d\n",binarySearch(a,n,x));
    return 0;
}
```

（6）使用随机函数产生一个介于[1,2]之间的整数，表示报数的个数。实际的报数则在上次结束数的基础上增 1 或是增加 2。

```
#include<stdio.h>
#include<stdlib.h>
#include<time.h>
#include<windows.h>
int ReportNum=0;
int endNumber=30;
int flag;
//flag 表示是谁报的数：值为 1 是人、2 是计算机
int createRnd(){      //报几个数，值只能为 1 或 2
    srand(time(0));
    int x=rand()%2;
    return x+1;
}
//某次对弈的输出信息,type 取值"人"或者"computer"
void xplay(char*type){
    int num=createRnd();
    if(num==1)printf("%s:%3d\n",type,++ReportNum);
    else{
        printf("%s:%3d",type,++ReportNum);
        if(ReportNum<endNumber) printf("%3d\n",++ReportNum);
    }
}
//下面有两个 playChess()函数，功能相同，第一个函数更精简。
/*假定人先开始报数则使用下面的语句。若要机器先报数则只需交换 Sleep()前后的 if 语句
  即可*/
int playChess1(){
    while(1){
        if(ReportNum<endNumber){
            flag=1;
            xplay("人");
```

```
        }
        Sleep(300);
        if(ReportNum<endNumber){
            flag=2;
            xplay("computer");
        }
        printf("----------------------------\n");
        if(ReportNum==endNumber) return flag;
    }
}


int playChess2(){
    int ReportNum=0;
    //表示是谁报的数: 奇数是人, 偶数是计算机
    int num;
    while(1){
        if(ReportNum<endNumber){
            flag=1;
            num=createRnd();
            if(num==1)printf("人:%3d\n",++ReportNum);
            else{
                printf("人:%3d",++ReportNum);
                if(ReportNum<endNumber) printf("%3d\n",++ReportNum);
            }
        }//上面是模拟人报数
        Sleep(200);         //延迟 200 ms
        if(ReportNum<endNumber){
            flag=2;
            num=createRnd();
            if(num==1) printf("@Computer:%5d\n",++ReportNum);
                else{
                    printf("@Computer:%5d",++ReportNum);
                    if(ReportNum<endNumber)
                        printf("%5d\n",++ReportNum);
                }//上面是计算机报数          //end if(num==1)
        }
        printf("----------------------------\n");
        if(ReportNum==endNumber) return flag;
    }   // end while
}
int main(){
    flag=playChess2();          //flag=playChess1();
    if(flag==1)printf("人赢!!!\n");
    else printf("computer win!\n");
    return 0;
}
```

若总要人获胜，需要让人作为后手，且要保证人报数的数值必须是 3 的倍数（或者说

人报完数后剩余的未报的数字还有 3 的倍数个，或者说机器报一个数则人必须报两个数，机器报两个数则人只能报一个数）。下面的程序是对 playChess2() 进行修改后的结果：

```c
#include<stdio.h>
#include<stdlib.h>
#include<time.h>
#include<windows.h>
int ReportNum=0;
int endNumber=30;

int createRnd()
{
    srand(time(0));
    int x=rand()%2;
    return x+1;
}


int playChess2()
{
    int ReportNum=0;
    int randomCount;
    int flag=1; //1 表示机器报数，2 表示人报数
    while(1)   //必须机器是先手，人是后手
    {
        flag=1;
        if(ReportNum<endNumber)
        {
            randomCount=createRnd();
            if(randomCount==1) printf("@Computer:%4d\n",++ReportNum);
            else
            {
                printf("@Computer:%4d",++ReportNum);
                //这里的 if 可省略，直接输出
                if(ReportNum<endNumber) printf("%4d\n",++ReportNum);
            }
        }
        Sleep(200);        //延迟 200 ms
        flag=2;
        if(randomCount==1){
            printf("人:\t%6d",++ReportNum);//
            printf("%4d\n",++ReportNum);
        }
        else
        {
            printf("人:\t%6d\n",++ReportNum);
        }
        printf("----------------------------\n");
        if(ReportNum==endNumber) return flag;
```

```
        }
    }
    int main()
    {
        int flag=playChess2();
        if(flag==1) printf("computer win!\n");
        else printf("人赢!!!\n");
        return 0;
    }
```

（7）算法思想：当数组 a 中只有一个元素时，a[0]就是最小值；否则，在前 n–1 个元素中找出最小值，将其与 a[n–1]比较，从而确定最小值。"在前 n–1 个元素中找出最小值"就是递归。

```
    #include<stdio.h>
    int calMin(int a[],int n){
        int min,t;
        if(n==1) min=a[0];
        else{
            t=calMin(a,n-1);
            min=(t>a[n-1]?a[n-1]:t);
        }
        return min;
    }
    int main(){
        int a[]={4,5,2,3,9,7,1,8,6,10};
        int n=10;
        printf("min=%d\n",calMin(a,n));
        return 0;
    }
```

（8）本题算法涉及两个操作：一是取子串并比较，二是将找得的子串的起始下标保存到一个数组中。关键是第一个操作。

```
    #include<stdio.h>
    #include<stdlib.h>
    #include<string.h>
    char* getSubStr(char *str,int start,int len){
        int length=strlen(str);
        char *subStr=(char *)malloc((len+1)*sizeof(char)); //申请空间 len+1 个
        subStr[0]=0;
        if(start<0 ||start>length ||len>length ||start+len>length)
            return subStr;
        int i;
        for(i=0;i<len;i++) subStr[i]=str[i+start];     /*复制 len 个字符到
                                                         subStr 中并组成串*/
        subStr[i]=0;
        return subStr;        //返回取得的子串的首地址
    }
    int main(){
```

```
char mainStr[]="abc123ab23123bc13ac123bc";
char u[]="123";     char *t;
int index[20];      int count=0;
int i=0;
while(i<strlen(mainStr)){
    t=getSubStr(mainStr,i,strlen(u));
    if(strcmp(t,u)==0){ index[count++]=i;i+=strlen(u); } //注意 i 的赋值
    else i++;
}
for(i=0;i<count;i++)
    printf("%4d",index[i]);
return 0;
}
```

2．思考题解答

使用三重循环实现算法比较简单，此处省略。下面使用递归的方式解答。

程序的主要思路是：

第一，把第 1 个数换到最前面来（本来就在最前面），准备打印 1xx，再对后两个数 2 和 3 做全排列。

第二，把第 2 个数换到最前面来，准备打印 2xx，再对后两个数 1 和 3 做全排列。

第三，把第 3 个数换到最前面来，准备打印 3xx，再对后两个数 1 和 2 做全排列。

这是一个递归的过程，把对整个序列做全排列的问题归结为对它的子序列做全排列的问题。要使得程序具有通用性，使用了数组 a 和数组的元素个数 N。若要实现 4 个数的全排列只需修改 N 即可。

详细算法如下：

当 N = 1 的时候，则直接打印数列即可。

当 N = 2 的时候，设数组为 [a, b]：

　　　　　打印 a[0], a[1]（即 a，b）；

　　　　　交换 a[0],a[1]里面的内容；

　　　　　打印 a[0],a[1]（此时已变成了[b, a]）。

当 N = 3 的时候，数组为 [a,b,c]：

把 a 放在 a[0] 的位置（原本也是如此，a[0] = a[0]），打印 b,c 的全排列（即 a[1], a[2] 的全排列）；

把 b 放在 a[0]的位置（这时候需要交换原数组的 a[0]和 a[1]），然后打印 a, c 的全排列，打印完后再换回原来的位置，即 a 还是恢复到 a[0]，b 还恢复到 a[1]的位置；

把 c 放在 a[0]的位置（这时候需要交换的是原数组的 a[0]和 a[2]），然后打印 a, b 的全排列，打印完后再换回原来的位置，即 a 还是恢复到 a[0]，b 还恢复到 a[1]的位置。

至此，全排列完成。

当 N = 4，5，6……的时候，以此类推。

```
#include <stdio.h>
#define N 3
```

```
int a[N];
void display()
{
    int i;
    for(i=0;i<N;i++) printf("%c",a[i]);
    printf("\n");
}
void swap(int i,int offset)
{
    int t;
    t=a[offset];
    a[offset]=a[i];
    a[i]=t;
}
void perm(int offset)
{
    int i;
    if(offset==N-1)
    {
        display();
        return;
    }
    for(i=offset;i<N;i++)
    {
        swap(i,offset);
        perm(offset+1);
        swap(i,offset);
    }
}

int main()
{
    int i;
    for(i=0;i<N;i++) a[i]=i+'0';
    perm(0);
    return 0;
}
```

实　验　9

1. 实验内容解答

（1）各空白处答案分别如下。

① stu[i].score

② stu[j].score<stu[k].score

③ stu[i].num, stu[i].name,stu[i].score

④ sum/5.0

（2）使用了自定义的数据类型和函数。

```c
#include<stdio.h>
#include<string.h>
#include<stdlib.h>
typedef enum sextype{male=1,female}sexType;
typedef struct worker{
    char no[10];
    char name[10];
    int age;
    sexType sex;
    char job[20];
}workerType;

workerType input(){
    workerType record;
    int sexFlag;
    printf("input a worker value:\n");
    printf("no:");gets(record.no);fflush(stdin);
    printf("name:");gets(record.name);fflush(stdin);
    printf("age:");  scanf("%d",&record.age);fflush(stdin);
    printf("1 or 2 for sex:");scanf("%d",&sexFlag);fflush(stdin);
    if(sexFlag==1) record.sex=male;else record.sex=female;
    printf("job:");gets(record.job);fflush(stdin);
    printf("-------------------------\n");
    return record;
}
void showHeader(){
    printf("%-12s", "no");
    printf("%-12s","name");
    printf("%-6s","age");
    printf("%-12s","sex");
    printf("%-12s\n","job");
    printf("-------------------------------\n");
}
void display(workerType record){
    printf("%-12s",record.no);
    printf("%-12s",record.name);
    printf("%-6d ",record.age);
    if(record.sex==1) printf("%-12s","male");else printf("%-12s","female");
    printf("%-12s\n",record.job);
}
```

（3）运用数学规则进行复数的表示、运算以及数学上的书写习惯。

```c
#include<stdio.h>
typedef struct complex
{
    int real;
```

```
        int vir;
} ComplexType;
//方法一：使用递归函数
ComplexType mul(ComplexType s,int n)
{
        ComplexType t;
        if(n==1)
        {
                t.real=s.real;
                t.vir=s.vir;
        }
        else
        {
                t.real=(mul(s,n-1)).real*s.real-(mul(s,n-1)).vir*s.vir;
                t.vir=(mul(s,n-1)).real*s.vir+(mul(s,n-1)).vir*s.real;
        }
        return t;
}
//方法二：使用循环
ComplexType mul2(ComplexType s,int n){
        ComplexType t={1,0};     //存储乘积、积为 1
        ComplexTypetemp ;  //存储临时乘积，一定要用到，不可覆盖 t
        int k;
        for(k=1;k<=n;k++){ //务必使用中间变量 temp 避免覆盖
                temp.real=t.real*s.real-t.vir*s.vir;
                temp.vir= t.real*s.vir +t.vir*s.real;
                t=temp;
        }
        return t;
}
//输出结果也有两种方法。方法一是直接输出实部+虚部 i 的格式
void show(ComplexType t){
        printf("%d+(%di)\n",t.real,t.vir);
}
/*输出方法二：考虑虚数输出时的数学规则。考虑实部虚部为 0 的情况、虚部的绝对值为 1
的情况、虚部小于 0 的情况（不打印中间的加号）等*/
//为避免多层的 if-else 嵌套，使用了 return
void show2(ComplexType t)
{
        if(t.real==0){
                if(t.vir==0){ printf("0\n");return ;}
                else if(t.vir==1) { printf("i\n");return ; }
                else if(t.vir==-1){ printf("-i\n");return ;}
                else { printf("%di\n",t.vir); return ;}
        }
        else{
                printf("%d",t.real);
```

```
        if(t.vir==0){ printf("\n");return ;}
        else if(t.vir==1) { printf("+i\n");return ; }
        else if(t.vir==-1){ printf("-i\n");return ;}
        else{
            if(t.vir>0){ printf("+%di\n",t.vir);return;}
            else{ printf("%di\n",t.vir); return ; }
        }
    }
}

int main()
{
    ComplexType source,result;
    source.real=1;
    source.vir=2;   //可改成分别输入实部、虚部
    int n;
    printf("Input n="); scanf("%d",&n);
    result=mul(source,n);
    show(result);
    return 0;
}
```

2. 思考题解答

（1）充分利用实验内容解答中第（2）题的代码。下面仅给出主函数的代码。

```
#define N 6
int main()
{
    workerType a[N];
    int i;
    for(i=0; i<N; i++)     a[i]=input();
    showHeader();
    for(i=0; i<N; i++)     display(a[i]);
    return 0;
}
```

（2）定义链表类型、建立链表。

```
typedef struct nodeType{
    workerType data;
    struct nodeType* next;
}*linkType;

//尾插法建立链表
linkType create(workerType *a,int n){
    linkType head,p,s;
    int i;
    head=(linkType)malloc(sizeof(struct nodeType));
    p=head;
    for(i=0;i<n;i++){
```

```
            s=(linkType)malloc(sizeof(struct nodeType));
            s->data=a[i];
            p->next=s;
            s->next=NULL;
            p=s;
        }
        return head;
}
//输出链表中各结点的 data 域
void displayLink(linkType head){
    linkType p=head->next;
    while(p){
        display(p->data);
        p=p->next;
    }
}
```

（3）下面是调用（2）中的各自定义函数，实现数据输入、链表建立、输出链表数据的主函数。

```
#define N 6
int main(){
    workerType a[N];
    int i;
    for(i=0;i<N;i++) a[i]=input();

    linkType head=create(a,N);
    showHeader();
    displayLink(head);
    return 0;
}
```

（4）在第 i 个结点前插入一个结点。只需将主教材中单链表插入操作函数的结点类型做一点修改即可。代码如下。

```
int insert(linkType head, workerType x, int i)
{
    linkType p,s;
    int k=0;
    p=head;
    while(p&&k<i-1)
    {
        p=p->next;
        k++;
    }
    if(!p||i<1) return 0;
    s=(linkType)malloc(sizeof(struct nodeType));
    s->data=x;
    s->next=p->next;              // ①
    p->next=s;                    // ②
```

```
//①和②两条语句，它们的次序不能颠倒
    return 1;
}
```

（5）删除第 i 个结点。同样只需将主教材中单链表删除操作函数的结点类型做一点修改即可。代码如下：

```
int del(linkType head, int i, workerType *x){
    linkType p=head, q;
    int k=0;
    while(p->next&&k<i-1)
    {
        p=p->next;
        k++;
    }
    if(!p->next||i<1) return 0;
    q=p->next;
    *x=q->data;
    p->next=p->next->next;          //或者写成 p->next=q->next;
    free(q);
    return 1;
}
```

（6）在原链表的基础上，将结点重新进行链接实现排序。对链表只能运用直接插入排序。关键点在于先保存待插入结点的后继，再对待插入结点进行顺序查找，最后链接。按年龄非递减排列，代码如下：

```
void sort(linkType head){//链表至少有 1 个结点
    linkType p,suc,t;
    p=head->next; suc=p->next;
    p->next=NULL;   //先连上第一个结点，只有一个结点肯定是有序的
    p=suc;
    while(p){
        suc=p->next;
        t=head;       //每次都从头开始顺序查找
        while(t->next!=NULL && t->next->data.age<p->data.age)t=t->next;
        p->next=t->next;
        t->next=p;
        p=suc;
    }
}
```

实　验　10

实验内容解答

（1）程序填空。

```
==NULL
!=NULL
++line
```

```
strchr(s,'\n')
```

（2）程序代码如下。

```
#include<stdio.h>
#include<stdlib.h>
int main(){
    int ch;
    FILE *fp=fopen("cn.txt","w");
    if(fp==NULL) {printf("error!\n");exit(1);}
    for(ch='A';ch<='Z';ch++) fputc(ch,fp);
    for(ch='0';ch<='9';ch++) fprintf(fp,"%c",ch);
    fclose(fp);
    fp=fopen("cn.txt","r");
    while((ch=fgetc(fp))!=EOF)
        printf("%c",ch);
    fclose(fp);
    return 0;
}
```

（3）职工信息的结构体类型参见实验 9，可直接使用其相关代码。

```
#include<stdio.h>
#include<string.h>
#include<stdlib.h>
typedef enum sextype{male=1,female}sexType;
typedef struct worker{
    char no[10];
    char name[10];
    int age;
    sexType sex;
    char job[20];
}workerType;

workerType input(){
    workerType record;
    int sexFlag;
    printf("input a worker value:\n");
    printf("no:");gets(record.no);fflush(stdin);
    printf("name:");gets(record.name);fflush(stdin);
    printf("age:"); scanf("%d",&record.age);fflush(stdin);
    printf("1 or 2 for sex:");scanf("%d",&sexFlag);fflush(stdin);
    if(sexFlag==1) record.sex=male;else record.sex=female;
    printf("job:");gets(record.job);fflush(stdin);
    printf("------------------------\n");
    return record;
}
void showHeader(){

    printf("%-12s", "no");
    printf("%-12s","name");
```

```
        printf("%-6s","age");
        printf("%-12s","sex");
        printf("%-12s\n","job");
        printf("-------------------------------------------\n");
    }
void display(workerType record){
    printf("%-12s",record.no);
    printf("%-12s",record.name);
    printf("%-6d",record.age);
    if(record.sex==1) printf("%-12s","male");else printf("%-12s","female");
    printf("%-12s\n",record.job);
}
void writeToFile(workerType record[],int n,char *fileName){
    FILE*fp=fopen(fileName,"wb");
    if(fp==NULL){printf("error\n");return ;}
    int i;
    for(i=0;i<n;i++)
        fwrite(&record[i],sizeof(workerType),1,fp);
    fclose(fp);
}
int readFromFile(workerType record[],char *fileName){
    FILE*fp=fopen(fileName,"rb");
    if(fp==NULL){printf("error\n");return ;}
    int i=0;
    fread(&record[i],sizeof(workerType),1,fp);
    while(!feof(fp)){
        fread(&record[++i],sizeof(workerType),1,fp);
    }
    fclose(fp);
    return i;
}
#define N 20
//在调试程序时上面常量的值可缩小一些，如等于5，以避免输入大量数据
int main(){
    workerType record[N];
    int i;
    for(i=0;i<N;i++) record[i]=input();
    writeToFile(record,N,"worker.dat");
    int number=readFromFile(record,"worker.dat");
    system("cls");
    showHeader();
    for(i=0;i<number;i++)
        display(record[i]);
    printf("Total of workers is %d\n",number);
    return 0;
}
```

第 5 部分　实验报告范例

实验报告是实验的重要组成部分，它包含了实验题目、实验目的、实验原理、实验内容、实验过程、实验结果、实验总结等。这些项目各自包含哪些具体内容、如何组织、如何撰写、文档如何排版等，对于 C 语言程序设计的初学者来说是随意的、模糊的；即使是文档的字体、字号、标题的编号、图表的大小、风格等，都可能存在很多问题，严重影响实验报告的美观、规范。下面以本书的"实验 4"为例，介绍实验报告的撰写。

实验报告封面（单独一页）

XXXX（学校名称）

《C 语言程序设计》实验报告

学生学号　　2018117101

学生姓名　　　张　三

院系名称　计算机工程学院

专业班级　　计算机类 1811

指导教师　　　王长江

以下为实验报告正文：

实验 4　选　择　结　构

1．实验目的

（1）熟练掌握 if…else 语句的执行过程。

（2）掌握 else 与 if 的匹配。

（3）逐步掌握 if、else 嵌套的执行过程。

（4）熟练掌握 switch…case 语句的执行过程。

（5）熟练掌握复合语句的定义、程序代码的缩进。

2．实验原理

包含该次实验对应章节主要知识点的理解性、归纳性介绍。

1）if…else 语句

if…else 语句的一般格式是：

```
if(表达式){
    子句 1;
}
else{
    子句 2;
}
```

对 if(表达式)中表达式的理解，需注意以下几点：

（1）括号中的表达式可以是任意表达式，但大多是关系表达式、逻辑表达式。根据表达式的计算结果来确定是执行子句 1 还是执行子句 2。表达式的值非零或者为真，则执行子句 1；否则执行子句 2。即二选一、非此即彼。

（2）表达式书写时要严格区分 "=="与 "="的显著差别。

例如：

```
if(a=5)  printf("\n");与 if(a==5) printf("\n");
```

表达式 a=5 是赋值表达式，该表达式的值始终为 5（即非 0），则条件判断失去了真正的价值。

（3）对表达式简略写法的理解。

例如：

if(x)等价于 if（x !=0）。

if(!x)等价于 if（!x !=0），即是 if(x==0)。

（4）if 后的表达式必须用圆括号括起来，绝对不能漏写。

（5）else 中隐含的条件与 if 中的条件是互斥的。

2）复合语句

用一对大括号括起来的几条语句称为复合语句。它们是一个整体，要么都执行，要么都不执行。例如：

```
if(x>5)
{
    y=x++;
    z=++y+x;
}
else
{
    y=x--;
    z=--y-x;
}
```

对于上面的这个例子，若将 if 子句中的一对大括号去掉，则存在语法错误（也就是说 if 的子句要么是一条简单语句，要么是一条复合语句，否则就是错误的）；若将 else 子句中的一对大括号去掉，虽不存在语法错误，但语义就完全不同了。

3）程序代码的缩进格式

程序代码按缩进格式书写，使得程序错落有致、层次清晰，能显著提高程序的易读性。简单地说，缩进的目的就是为了清晰地显现出语句之间的层次关系、包含关系。

4）switch…case 语句

switch…case 语句的一般格式是：

```
switch(表达式)
{
    case 常量1：语句1;
    case 常量2：语句2;
    ……
    case 常量n：  语句n;
    default:语句n+1;
}
```

在使用 switch 语句时，必须注意如下几点：

（1）表达式的结果必须是整型、字符型或枚举型数据。

（2）case 后的常量必须是整型、字符型、枚举型常量，或者常量表达式。

（3）case 后的各常量不能重复，但一般没有先后次序之分。

（4）default 语句不是必须的，它不一定放在最后。

（5）深刻理解 switch…case 语句中 break 的作用。

（6）使用 switch…case 语句的关键是如何将连续问题使用表达式进行离散化、枚举化，或者说使用 switch…case 语句有其局限性；能用 switch…case 语句解答的问题肯定能用 if…else 解决，反之，则不一定恰当。

5）一题多解

选择结构用于解答"多段函数"的问题。可以使用多个单分支 if 语句、if 的嵌套、else 的嵌套解答，即这 3 种方式可以相互转换。

3．实验内容和过程

（1）程序改错。以下源程序都存在一些错误，请指出错误并改正。

① 输入两个实数，按从小到大的顺序输出。

```
#include <stdio.h>
int  mein(){
    float a,b,t;
    scanf("%f,%f",&a,&b);
    if (a>b);
        t=a;a=b;b=t;
    printf("%5.2f,%5.2f",a,b);
}
```

解答:

(对代码的错误处进行标记、说明原因、改正。)

代码中主函数名称拼写错误,应改成"main";

"%f,%f"中的逗号最好去掉;

if 后多了分号,使得 if 的子句为空了。应删除这行尾的";";

3 条赋值语句应该加上大括号,组成复合语句,是 if 的真正子句;

程序的最后缺少"return 0;"。

修正后的代码如下:

```
#include <stdio.h>
int  main(){
    float a,b,t;
    scanf("%f%f",&a,&b);
    if (a>b) {
        t=a;a=b;b=t;
    }
    printf("%5.2f,%5.2f",a,b);
    return 0;
}
```

对程序依次进行保存、编译、连接、运行,并输入多组不同数据进行程序正确性的验证,直到结果完全正确为止。

②计算如下函数的值。

$$y = \begin{cases} x & x > 0 \\ 2 & x = 0 \\ 3x & x < 0 \end{cases}$$

```
main(){
    int  x,y;
    printf("Enter x:");
    scanf("%d", x);
    if x>0              y=x;
    else ; if(x=0)      y=2;
    else ;              y=3*x;
    printf("x=%f,y=%f\n",x,y);
}
```

解答:

a. 先考虑语法上显而易见的错误:

任何程序的第一行应该是"#include<stdio.h>"，必不可少；

scanf 中的"x"应该改写成"&x"。

"main"前最好加上"int"，程序的最后添加"return 0;"，这两者达成首尾呼应。

b. 语法语义上的错误：

按照左侧代码的意思，解答这个 3 段函数使用的是 else 的嵌套。即第一段作为 if 的子句，第二三段作为 else 的子句、再对第二三段进行划分。

if 中的表达式应该用圆括号括起来；

两个 else 后都多加了分号，"x=0"这是赋值，不是判断，应改成"x==0"；

输出函数中输出格式控制符与变量的实际类型不匹配。

修正后的代码如下：

```
#include<stdio.h>
int main(){
    int  x,y;
    printf("Enter x:");
    scanf("%d", &x);
    if(x>0) y=x;
    else if(x==0) y=2;
    else y=3*x;
    printf("x=%d,y=%d\n",x,y);
    return 0;
}
```

对每一个程序进行编译、连接、运行，输入多组不同数据（本题的代码至少需验证 3 次，即每段都涉及；且选取的数据尽量简单，能口算结果）进行程序正确性的验证，直到结果完全正确为止。

（2）计算下面这个四段函数的值。

$$y = \begin{cases} y=|x|, & z=x+\ln y & x<-10 \\ y=2x-1, & z=x+y & -10 \le x<10 \\ y=\log_2 x, & z=x^y & 10 \le x<25 \\ y=x/10, & z=(\log_{10} x)+y-3x/7 & x \ge 25 \end{cases}$$

解答：

这是一个 4 段函数，是根据 x 的值来计算 y 和 z 的值（需使用复合语句），可以使用 4 个或者 3 个单分支的 if 语句解答，也可以使用 if…else 的嵌套解答，且分段方式不同嵌套也将不同。

方法一（4 个单分支 if）：

```
#include<stdio.h>
#include<math.h>
int main()
{
    double x,y,z;
    scanf("%lf",&x);
    if(x<-10) {y=-x;   z=x+log(y);}
```

```
    if(x>=-10&&x<10)  {y=2*x-1;      z=x+y;}
    if(x>=10&&x<=25)  {y=log(x)/log(2);     z=pow(x,y);}
    if(x>25){y=x/10;z=log(x)/log(10)+y-3*x/7;}
    printf("%lf,%lf",y,z);
    return 0;
}
```

程序运行结果如下（下图中画线部分表示输入的数据）

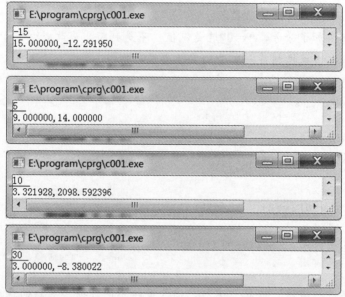

方法二（3 个单分支 if）：

```
#include<stdio.h>
#include<math.h>
int main()
{
    double x,y,z;
    scanf("%lf",&x);
    y=-x;    z=x+log(y);  //假设处于第一段
    if(x>=-10&&x<10)  {y=2*x-1;      z=x+y;}
    if(x>=10&&x<=25)  {y=log(x)/log(2);     z=pow(x,y);}
    if(x>25){y=x/10;z=log(x)/log(10)+y-3*x/7;}
    printf("%lf,%lf",y,z);
    return 0;
}
```

程序运行结果略。

与第一种解法相比，输入同样的数据，仔细观察结果是否相同。以检验程序的正确性。

方法三（if...else 的嵌套、配上对应的用图示描述的分段方式）：

① 同时使用 if...else 的嵌套，即平分。分段的图示描述如下：

$$\begin{cases} y=|x|, & z=x+\ln y & x<-10 \\ y=2x-1, & z=x+y & -10\leqslant x<10 \\ y=\log_2 x, & z=x^y & 10\leqslant x<25 \\ y=x/10, & z=\log_{10}x+y-3x/7 & x\geqslant 25 \end{cases}$$

```c
#include<stdio.h>
#include<math.h>
int main()
{
    double x,y,z;
    scanf("%lf",&x);
    if(x<10)
        if(x<-10) {y=-x;   z=x+log(y);}
        else  {y=2*x-1; z=x+y;}
    else
        if(x<=25) {y=log(x)/log(2);   z=pow(x,y);}
        else {y=x/10;z=log(x)/log(10)+y-3*x/7;}
    printf("%lf,%lf",y,z);
    return 0;
}
```

程序运行结果略。

与第一种解法相比，输入同样的数据，仔细观察结果是否相同。以检验程序的正确性。

② 仅使用 else 的嵌套，分段的图示描述如下：

$$\begin{cases} y=|x|, & z=x+\ln y & x<-10 \\ y=2x-1, & z=x+y & -10\leqslant x<10 \\ y=\log_2 x, & z=x^y & 10\leqslant x<25 \\ y=x/10, & z=\log_{10}x+y-3x/7 & x\geqslant 25 \end{cases}$$

```c
#include<stdio.h>
#include<math.h>
int main()
{
    double x,y,z;
    scanf("%lf",&x);
    if(x<-10) {y=-x;   z=x+log(y);}
    else if(x>=-10&&x<10) {y=2*x-1;   z=x+y;}
    else if(x>=10&&x<=25) {y=log(x)/log(2);  z=pow(x,y);}
    else {y=x/10;z=log(x)/log(10)+y-3*x/7;}
    printf("%lf,%lf",y,z);
    return 0;
}
```

③ 仅使用 if 的嵌套，分段的图示描述如下：

$$\begin{cases} y=|x|, & z=x+\ln y & x<-10 \\ y=2x-1, & z=x+y & -10\leqslant x<10 \\ y=\log_2 x, & z=x^y & 10\leqslant x<25 \\ y=x/10, & z=\log_{10}x+y-3x/7 & x\geqslant 25 \end{cases}$$

```
#include<stdio.h>
#include<math.h>
int main()
{
    double x,y,z;
    scanf("%lf",&x);
    if(x<25)
        if(x<10)
            if(x<-10){y=-x; z=x+log(y);}
            else  {y=2*x-1; z=x+y;}
        else {y=log(x)/log(2); z=pow(x,y);}
    else {y=x/10;z=log(x)/log(10)+y-3*x/7;}
    printf("%lf,%lf",y,z);
    return 0;
}
```

对每一个程序进行编译、链接、运行，输入多组不同数据（本题的代码至少需验证 4 次，即每段都涉及；且选取的数据尽量简单、能口算结果）进行程序正确性的验证，直到结果完全正确为止。

（3）某商品原有价格为 p，现根据出厂月份 m 进行降价促销，折扣率如下：

$$\begin{cases} m<3 & \text{折扣为38\%} \\ 3\leqslant m<6 & \text{折扣为28\%} \\ 6\leqslant m<9 & \text{折扣为20\%} \\ 9\leqslant m<12 & \text{折扣为18\%} \\ m=12 & \text{折扣为8\%} \end{cases}$$

根据输入的出厂月份和原价，计算商品打折后的价格。

解答：

这是一个 5 段函数，最好使用 5 个或 4 个单分支的 if 语句来解答。这样，程序简洁且清晰，因为一段对应着一个单分支 if 语句。

```
#include<stdio.h>
int main()
{
    int m;
    float p,t;
    scanf("%d%f",&m,&p);
    if(m<3)  t=0.38;
    if(m>=3&&m<6)  t=0.28;
    if(m>=6&&m<9)  t=0.2;
    if(m>=9&&m<12)  t=0.18;
    if(m==12)t=0.08;
    p*=1-t;
    printf("%f\n",p);
    return 0;
}
```

本程序是一个 5 段函数，至少需要输入 5 组不同的数据来检验程序的正确性。

程序运行结果如下（下图中画线部分表示输入的数据）。

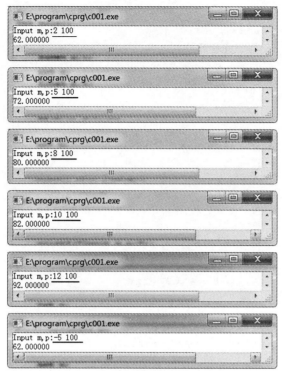

最后一个图示显示的是月份不合法情况下的价格。从此发现：本题实质上是一个 7 段函数，在 $m \leqslant 0$ 或 $m > 12$ 时，应该提示输入的月份不合法。上面的代码对此都没有考虑。因此，程序可以按下面的方式进行修改：

```c
#include<stdio.h>
int main()
{
    int m;
    float p,t;
    printf("Input m,p:");
    scanf("%d%f",&m,&p);
    if(m>=1&&m<=12){
        if(m<3) t=0.38;
        if(m>=3&&m<6) t=0.28;
        if(m>=6&&m<9) t=0.2;
        if(m>=9&&m<12) t=0.18;
        if(m==12)t=0.08;
        p*=1-t;
        printf("%f\n",p);
    }
    else printf("m is invalid!\n");
    return 0;
}
```

（4）2018 年元旦是星期一。输入该年的任意月日，输出它是星期几。

解答：

本题的解题思路与主教材的例题非常相似。在验证程序的正确性时可借用计算机上的日历。

```c
#include<stdio.h>
int main()
```

```
{
    int month,day,week,sum=0;
    scanf("%d%d",&month,&day);
    switch(month-1)
    {
        case 11: sum+=30;
        case 10: sum+=31;
        case  9: sum+=30;
        case  8: sum+=31;
        case  7: sum+=31;
        case  6: sum+=30;
        case  5: sum+=31;
        case  4: sum+=30;
        case  3: sum+=31;
        case  2: sum+=28;
        case  1: sum+=30;
    }
    sum+=day;
    week=(sum+1)%7;   //这个表达式比较重要
    switch(week)
    {
        case 0:printf("星期日\n");break;
        case 1:printf("星期一\n");break;
        case 2:printf("星期二\n");break;
        case 3:printf("星期三\n");break;
        case 4:printf("星期四\n");break;
        case 5:printf("星期五\n");break;
        case 6:printf("星期六\n");break;
    }
    return 0;
}
```

程序运行结果略。

4．实验总结

对于程序设计的初学者来说，常存在如下问题或错误：

（1）使用数字、汉字作为程序的文件名。

（2）中英文的标点符号区分不清。

（3）一个程序文件中包含多个 main()函数。

（4）常将代码写成了左对齐，或者乱缩进；使用空格进行缩进，而不是使用【Tab】键。

（5）不能区分编辑状态的"insert/overwrite"模式，即"插入/改写"模式。

（6）不能理解和正确使用【Home】、【End】、【Backspace】、【Delete】键。

（7）不认识或不能正确理解程序编译错误提示信息的英文。

（8）不能从错误提示信息的第一条开始进行错误的定位和修改。

（9）程序的编译、连接、运行按钮不是依次单击，而是跳跃式、随意单击。

（10）将数学表达式直接照搬到程序之中。

针对上述问题，要开展针对性的练习、总结。

实验过程中出现的问题千奇百怪，务必随时记下错误的内容、性质、修正方法，并进行归纳、总结，实现相关知识的积累。